编程真好玩

从零开始学

网页设计及3D编程

少儿编程网 编 著

北京大学出版社

PEKING UNIVERSITY PRESS

内 容 提 要

本书从网页开发的基础知识HTML5、CSS、JavaScript开始，以项目实战的方式详细介绍如何构建自适应网页，并通过工具免费发布自己的网站。在后面的章节中，以主流的3D框架ThreeJS为技术支撑，在网页中编写JavaScript代码，让读者深入浅出地构建完整的3D应用场景。

本书由少儿编程网核心成员编写，作者都具有多年软件开发经验，书中案例中包含很多优秀的软件工程思想，强调编程实战，采用项目驱动和目标导向的思维方法去学习最前沿的计算机编程技术。

本书适合对网页设计和3D编程感兴趣的读者，特别是对前端开发（网站、小程序、3D模型展示、3D游戏原理、数据可视化、虚拟现实等应用方向）有兴趣的青少年。无论是初学者还是有一定基础的爱好者，都能从本书中获益匪浅。

图书在版编目(CIP)数据

编程真好玩：从零开始学网页设计及3D编程 / 少儿
编程网编著. —— 北京：北京大学出版社，2024.9.
ISBN 978-7-301-35313-4

Ⅰ. TP311.1-49
中国国家版本馆CIP数据核字第2024YZ2266号

书　　　　名	编程真好玩：从零开始学网页设计及3D编程
	BIANCHENG ZHEN HAOWAN: CONG LING KAISHI XUE WANGYE SHEJI JI 3D BIANCHENG
著作责任者	少儿编程网　编著
责 任 编 辑	刘　云
标 准 书 号	ISBN 978-7-301-35313-4
出 版 发 行	北京大学出版社
地　　　　址	北京市海淀区成府路205号　　100871
网　　　　址	http://www.pup.cn　　　新浪微博：@北京大学出版社
电 子 邮 箱	编辑部 pup7@pup.cn　　总编室 zpup@pup.cn
电　　　　话	邮购部 010-62752015　发行部 010-62750672　编辑部 010-62570390
印 刷 者	北京宏伟双华印刷有限公司
经 销 者	新华书店
	787毫米×980毫米　16开本　18.25印张　341千字
	2024年9月第1版　2024年9月第1次印刷
印　　　　数	1-3000册
定　　　　价	79.00元

Web 发展至今已有 30 多个年头了，它从一个仅能连接少数计算机的局限性系统，发展成为全球计算机紧密相连的庞大网络，是一个个计算机科学家不懈努力的成果。在移动互联网时代到来之前，Web 早已风靡全球，在浏览器日渐成熟、普及和国际标准的助推之下，其一度成为互联网最大的应用体系。

近年来，随着 HTML5 的普及，WebGL（Web Graphics Library，Web 图形库）技术日趋成熟，Web 得到了快速的发展，网页的表现能力越来越强大，利用 WebGL 技术在网页上创建各种复杂的 3D 可视化效果已然成为一个新的流行趋势。WebGL 广泛应用于互动式可视化（3D 产品展示）、游戏开发、虚拟现实（Virtual Reality，VR）和增强现实（Augmented Reality，AR）、在线教育、影视动画、建筑设计可视化、数字展会等多种领域。

科技是第一生产力，而软件编程也是科技发展重要的推动力量。目前，中小学生常用的编程语言主要是 Scratch、Python、C++。编程的教学内容也主要是以兴趣培养和应试算法为主，偏重于知识理论学习。然而，学习这些到底能做些什么？这是很多学生的困惑，主要是因为缺少完整系统的软件项目的开发实践。

本书编写人员均在软件开发一线工作多年，有丰富的软件项目开发实战经验。本书以软件工程中项目式开发为主线，学习如何从零开始搭建自己的第一个网站，并能够结合面向对象编程的思想，采用当今最流行的 WebGL 技术在浏览器中构建出真正的 3D 场景。本书语言通俗易懂，不仅有详细的文字描述，还结合源代码和大量的图表来解释一些抽象的编程概念，应用探究式学习方法，通过生活案例引领读者一步一步了解 JavaScript 和 HTML5，由浅入深学习 3D 场景的构建和渲染过程。在实践中探究学习和成长，并引导和激发读者对编程的兴趣，是本书重要的目标。

本书的内容强调实战式学习，以项目驱动的方式来串联相关的知识点，开发工具用的是软件行业非常流行的 VS Code，并引用流行的 Bootstrap 前端开发框架及开源的 3D 图形库 ThreeJS，让读者了解前沿的软件开发技术。在书中融合了许多软件工程中的优秀编程思路，比如自顶向下对象的拆解过程，在程序设计中巧妙地应用类的继承性、多态性、封装性来提升代码质量。

本书编写过程中，山东省实验中学李梓菡同学对所编写的案例及程序进行了校验，并对程序案例适用对象给出了有价值的建议，同时在科技项目公益活动中进行了应用和推广。

少儿编程网学员——珠海市第九中学杨长杰同学、西安市碑林区实验小学王笠丞同学也都主动参与学习体验，对本书后期的优化与改进提供了很大帮助，在此向以上同学表示感谢。如果广大读者朋友在学习过程中有好的想法、建议、意见，欢迎随时与我们联系。

温馨提示：本书所涉及的资源已上传至百度网盘，供读者下载。请读者关注封底"博雅读书社"微信公众号，找到"资源下载"栏目，输入本书 77 页的资源下载码，根据提示获取。

第4章 网页设计制作　　　　　45

第 1 章

小试牛刀——认识网页设计

发展迅猛的科技，带给人们翻天覆地的变化，现如今人们可以利用手机或计算机等在网络上学习知识、与朋友聊天互动、听音乐、看电影等。可以发现，在网络中到处都有网页的影子，本章我们将从另一个角度重新认识网页，了解网页是由什么组成的，以及制作一个网页需要具备哪些知识，等等。学习知识后，再动动手用几分钟的时间制作自己的第一个网页。

本章学习完成后，读者将会深刻认识网页和网页三剑客，以及明白它们各自的功能、作用和重要性。

1.1 认识网页三剑客

相信大家经常接触到网站，例如一些学习网站、视频网站，只要单击链接就能访问到丰富的内容。那么，一个好看的网页是依靠什么技术搭建出来的呢？你想不想自己快速做出一个网站？

1.1.1 网页是什么

我们在使用浏览器上网查资料、看新闻、看动画片、看电影时，都会打开不同的页面，呈现在浏览器软件中的这些页面就是网页。通俗地说，网站是由不同的网页组成的，而网站中的网页是一个程序文件，它可以存放在世界某个角落的某一台计算机或服务器中，通过网络和链接就可以访问到网页。

例如，打开百度，然后在搜索框输入"黑洞"，并单击搜索按钮"百度一下"，就会出现如图 1-1 所示的搜索结果，一秒之后网页中间就会出现一个巨大的旋涡，会将页面上的所有内容吸入，页面瞬间变得一干二净，这就是一个很酷的网页。

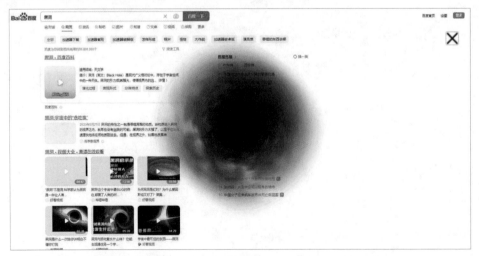

图 1-1 搜索"黑洞"

网页显示的内容主要包括图片、文字和视频，有些时候还会有一些特殊的动画效果，来让网页更生动、更有趣。那么，网页上的图片、文字和视频是怎么放入网页程序文件里并显示出来的呢？这不得不提及网页三剑客——HTML、CSS、JS。

网页由 HTML、CSS、JS 这三部分组成，它们各自发挥自己的作用，分工合作，将图片、文字和视频进行排版美化，最终将舒适漂亮的页面完美地呈现在我们面前。

接下来，逐一介绍它们的作用。

1. HTML

HTML（Hyper Text Markup Language），全称为超文本标记语言，是一种标记语言。它包括一系列标签，通过这些标签可以将网络上的文字、图像、动画、声音、表格、链接等文档格式统一，组成一个整体。

如果把制作网页比作建造房子，那么 HTML 的作用就是将房子结构搭建起来，包括客厅、卧室、厨房、卫生间等，如图 1-2 所示。

图 1-2　HTML 就像搭建房子结构

2. CSS

CSS（Cascading Style Sheets），全称为层叠样式表，是一种用来表现 HTML 文件样式的计算机语言，它能够对网页中元素位置的排版进行像素级精确控制和修饰。

这就好比房子建造好后，会使用涂料、壁纸对房子进行装修布置一样，如图 1-3 所示。CSS 语言会对 HTML 文件里的标签或图片、文字等进行修饰，使得页面的内容有序排布，看起来更美观。

图 1-3　CSS 就像房子装修

3. JS

JavaScript 语言简称 JS，是一种属于网络的高级脚本语言，已经被广泛用于网站开发，常用来为网页添加各式各样的动态功能和互动的效果，为用户提供更流畅美观的浏览效果。通常，JavaScript 脚本是通过嵌入在 HTML 中来实现自身的功能的。

对于建造好的房子来说，JS 的功能就如同给房子接通电源、水、燃气，让房子住着更温馨、更便利，如图 1-4 所示。

图 1-4 JS就像房中水电等，用来完善房子的功能

1.1.2 HTML、CSS 和 JS 的效果对比

认识了网页三剑客各自的作用后，我们再来看看它们之间的关系。有的小伙伴可能会说，我们建好了房子，不装修也是可以住的，同理，只要用 HTML 把内容展现在网页里就可以了。

事实是这样吗？

接下来我们通过一个示例，来看看网页中有 CSS 和 JS 的效果与网页中没有 CSS 和 JS 的效果的差别（本书源码文件均可以在本书下载资源所对应的章节找到）。

下面来创建一个发送弹幕功能的网页，仅仅使用 HTML 把需要的元素放入页面，而不添加 CSS 和 JS 效果。

案例 **1-1** 发送弹幕网页（danmu.html）

```html
<!DOCTYPE html>
<html>
    <head>
        <meta http-equiv="Content-Type" content="text/html;
charset=UTF-8">
        <meta name="viewport" content="width=device-width,
initial-scale=1">
        <title> 弹幕护体 </title>
    </head>
    <body>
        <div>
```

```
                    <input name="info" type="text" placeholder="高能预警,
弹幕护体！！！">
                    <button> 发送弹幕 </button>
            </div>
        </body>
    </html>
```

在浏览器中打开源码文件"danmu.html"，我们会看到这样的一个页面，在页面中有
发送弹幕的输入框和按钮排布，如图 1-5 所示。这看起来是可以发送内容的，但是输入内
容之后，单击"发送弹幕"按钮，无法实现弹幕的功能，因为页面仅仅是展示文字内容和
按钮，还不具有互动功能。

图 1-5　基础的发送弹幕网页

网页中如果没有 CSS 的帮助，便无法修饰元素的样式。因此图 1-5 所展示出的网页效
果是比较粗糙的，页面不美观。我们试着在 HTML 代码中添加对应的 CSS 样式文件，代码
如案例 1-2 所示。

案例 1-2 发送弹幕网页添加CSS样式（danmu1.html）

```
    <!DOCTYPE html>
    <html>
        <head>
            <meta http-equiv="Content-Type" content="text/html;
charset=UTF-8">
            <meta name="viewport" content="width=device-width,
initial-scale=1">
            <link rel="stylesheet" type="text/css" href="style.css">
            <link rel="stylesheet" type="text/css" href="barrager.css">
            <title>弹幕护体</title>
        </head>
        <body>
            <div class="box">
                    <input name="info" type="text" placeholder="高能预警,
弹幕护体！！！">
```

```
            <button> 发送弹幕 </button>
        </div>
    </body>
</html>
```

说明

上述代码中，加黄色底纹的两行为引入 CSS 样式文件的标签代码。

在浏览器中打开源码文件"danmu1.html"，可以发现，经过 CSS 装饰后的页面布局发生了很大的改变，页面有了色彩，比之前美观了一些，如图 1-6 所示。然而，再次单击"发送弹幕"按钮，仍旧无法实现发送弹幕的功能。

图 1-6　CSS 美化后的发送弹幕页面

我们在前边提到，JS 的功能是为网页添加各式各样的动态功能和互动的效果，那么我们尝试在 HTML 代码中继续添加 JS 文件，代码如案例 1-3 所示。

案例 1-3 发送弹幕网页添加JS文件（danmu2.html）

```
    <!DOCTYPE html>
    <html>
        <head>
            <meta http-equiv="Content-Type" content="text/html;
charset=UTF-8">
            <meta name="viewport" content="width=device-width,
initial-scale=1">
            <link rel="stylesheet" type="text/css" href="style.css">
            <link rel="stylesheet" type="text/css" href="barrager.css">
            <script type="text/javascript" src="jquery.min.js"></script>
            <script type="text/javascript" src="bar.min.js"></script>
            <script type="text/javascript" src="danmu.js"></script>
            <title> 弹幕护体 </title>
        </head>
```

6

```
    <body>
        <div class="box">
            <input name="info" type="text" placeholder="高能预警,
弹幕护体！！！">
            <button onclick="run_example()"> 发送弹幕 </button>
        </div>
    </body>
</html>
```

说明

上述代码中，加黄色底纹的 3 行为导入 JS 程序文件的代码。

在对上述发送弹幕网页中添加 JS 程序文件之后，我们在浏览器中打开编辑后的源码文件 "danmu2.html" 测试一下，输入文字 "高能预警，弹幕护体！！！"，再单击页面上的 "发送弹幕" 按钮，页面便成功开启了弹幕护体效果，如图 1-7 所示。看来网页三剑客缺一不可，只有在共同作用下才能呈现出生动精彩的网页效果。

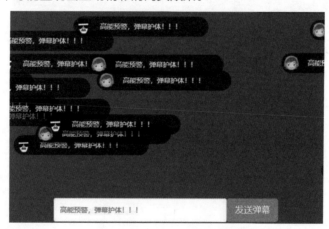

图 1-7 最终的发送弹幕页面

1.2 尝试写个程序吧

前边我们介绍了网页三剑客 HTML、CSS、JS 的作用，相信大家对网页的构成有了一个初步的了解。是否开始迫不及待地想自己动手试一试制作网页了呢？那么怎样才能做一个自己的网页呢？

1.2.1 创建网站目录

在开始学习如何制作网页前，我们需要先在计算机中新建一个属于自己的文件夹，并命名为"html"，它将用来存放我们网页项目所有的程序和素材。当然，文件夹名字也可以改成别的名称，你的地盘，你说了算！之后编辑的程序文件都需要存放在这个文件夹中，这样我们能够快速找到自己的程序文件。

跟着下面的步骤开始创建文件夹吧。

第一步 创建文件夹

从计算机的桌面打开"此电脑"（或"我的电脑"），选择 D 盘（如果没有 D 盘，可以选择 C 盘），单击"主页"选项卡下的"新建文件夹"按钮，或者在空白处右击，在弹出的快捷菜单中选择"新建"→"文件夹"命令，将创建的新文件夹命名为"html"，如图 1-8 所示。

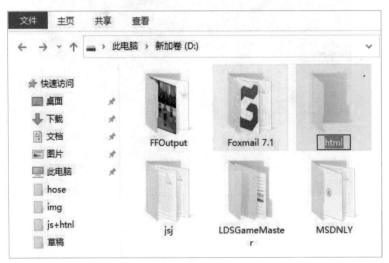

图 1-8 创建项目目录

第二步 新建文件

打开刚才新创建的"html"文件夹，在空白处右击，在弹出的快捷菜单中选择"新建"→"文本文档"命令，如图 1-9 所示。

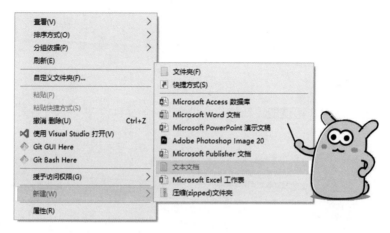

图 1-9 新建文本文档

完成以上操作后，我们的网站目录中就有了第一个文件"新建文本文档.txt"，如图 1-10 所示。

图 1-10 新创建的文本文档

我的文件名不显示后缀".txt"怎么办？

①在文件夹的菜单栏里选择"查看"选项卡；②在"显示／隐藏"组中选中"文件扩展名"复选框（不同系统的显示可能略有不同），如图 1-11 所示。

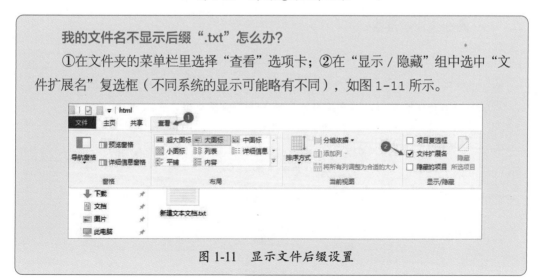

图 1-11 显示文件后缀设置

1.2.2　创建自己的第一个网页

接下来，让我们快速做出我们的第一个网页吧。

第一步　输入内容

用鼠标双击打开刚才新建的"新建文本文档 .txt"文件，在文件内输入内容"This is my first page！"，如图 1-12 所示。

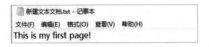

图 1-12　添加文字内容

第二步　保存文件

文字内容输入完成后，在菜单栏中选择"文件"→"保存"命令把文件内容保存下来，如图 1-13 所示。完成操作后，关闭此文档。

图 1-13　保存文件

第三步　修改文件扩展名

回到 html 文件夹里，将鼠标移动到"新建文本文档 .txt"文件上，然后右击，在弹出的快捷菜单中选择"重命名"命令，将文件的扩展名由".txt"改为".html"，如图 1-14 所示。

网页是一个 HTML 文件，这个文件的扩展名即文件的类型，是以".html"或者".htm"结尾。

图 1-14　修改文件后缀

按照步骤修改好名称之后，在键盘上按"Enter"键，此时可能会弹出是否要修改的提示对话框，如图 1-15 所示。

图 1-15　系统弹出的提示对话框

提示

因为系统认为修改文件扩展名可能会导致文件不可用，所以会弹出提示。然而，这里是让文件由文本文件类型转为 HTML 文件类型，过后可以打开文件，因此不用担心。此时，只需要在对话框中单击"是"按钮即可。

第四步　运行

见证奇迹的时刻到来了。双击文件"新建文本文档 .html"，可以看到在浏览器中打开了我们刚编辑的文件，并显示"This is my first page!"，如图 1-16 所示。

图 1-16　浏览器预览效果

就这么简单？

是的，这就是你的第一个网页，的确非常简单，只是不太规范。此时，这个网页就像一本没有内容的书，要想使其像一本内容丰富的图书，我们还需要对其进行完善。接下来，我们还需要继续学习……

什么是浏览器？

在计算机里，这些用来打开并浏览网页的软件我们都统称为浏览器。

1.2.3 HTML 页面结构

在 1.2.2 节中，我们制作了第一个网页，但它并不规范。那么，怎样的网页才是规范的网页呢？

一个标准的网页由头部（内容要放在 <head></head> 这一对标签中）和主体（内容要放在 <body></body> 这一对标签中）组成，所有内容都放在最外层 <html></html> 标签之内，标准的网页框架如图 1-17 所示。

图 1-17　标准的网页框架

- <html>：放在最外层，所有内容置于其中。
- <head>：页面的头部元素。
- <title>：网页标题，显示在浏览器顶部。
- <body>：网页中可以看见的页面主体部分。
- <h1>：表示一个标题。
- <p>：表示一个段落。

▶ **注意**

HTML 不是一种编程语言，而是一种标记语言，就像是一套标签，不同的标签表示不同的内容。HTML 标签通常是成对出现的，比如"<title> 网页标题 </title>"标签中的第一个标签 <title> 是开始标签，第二个标签 </title> 是结束标签，就是多了一个"/"，标题放置在两个标签之间。

看完 HTML 更详细的介绍后，是不是迫不及待地想把自己上一节做的网页修改一下？你可以右击"新建文本文档 .html"，在弹出的快捷菜单中选择"打开方式"→"记事本"命令进行修改。不过，先别着急，要想把这些符号、字母全部准确无误地输入也不是一件容易事。俗话说，磨刀不误砍柴工，我们可以先准备好装备，且待下章讲解。

第 2 章

整装待发——升级装备

　　虽然网页文件中有这么多代码，但不要惊掉下巴哦。尽管网页的代码几乎全是英文，但是大部分代码都是"代号"，有时候这些"代号"不需要一个个字母敲出来。接下来我们介绍一款使用便捷高效的代码编辑器软件，在这个代码编辑器软件里，有很多代码会在编写过程中自动补齐生成；不仅如此，这款代码编辑器软件拥有非常多的插件，能够极大助力编程，让我们不禁感叹原来写代码也可以如此简单。那到底是什么代码编辑器软件呢？它具有什么样的神奇魔力呢？学习本章之后就知晓。

2.1 VS Code 下载与安装

> 古人言:"工欲善其事,必先利其器。"我们想要轻松且高效地编写代码,必须有一款称心的代码编辑器软件,而 Visual Studio Code(简称 VS Code)是不错的选择。VS Code 是由微软研发的一款免费又强大的代码编辑器软件。如果把在记事本中写代码比作刀耕火种,那么在 VS Code 中写代码便是现代机械化的耕作。

VS Code 提供了适用于 macOS、Windows 和 Linux 平台下的不同版本的安装文件,我们可以根据自己的计算机系统选择对应的版本下载。

第一步　下载软件

进入 Visual Studio Code 官网首页(https://code.visualstudio.com/),如图 2-1 所示。我们可以根据自己的计算机系统选择对应的编辑器软件版本,单击蓝色下载箭头后浏览器会打开一个新的页面,等待几秒钟会自动开始下载编辑器软件。如果浏览器下载的速度比较缓慢,可以使用专业的下载软件进行下载。注:后期官网首页可能会因更新发生变化,但都可以根据自己的计算机系统选择对应的编辑器版本。

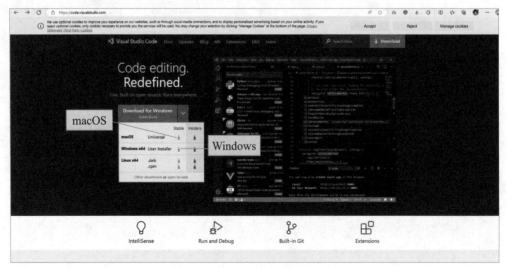

图 2-1　VS Code 下载

第二步　安装

　　VS Code 编辑器安装程序下载完成后，可以在保存下载文件的文件夹中找到刚才下载
的安装程序，双击安装程序并开始安装。安装程序会弹出一个许可协议窗口，大致内容是
有关 VS Code 的一些信息及条例，选中"我同意此协议"单选按钮，单击"下一步"按钮，
如图 2-2 所示。接下来将会直接进入安装流程中的下一步。

图 2-2　同意安装协议

　　如果需要更换安装的位置，在弹出的页面中可以单击"浏览"按钮，重新选择软件的
安装目录，如果不需要改变软件的安装目录则直接单击"下一步"按钮即可，如图 2-3 所示。

图 2-3　设置安装目录

在安装流程的"下一步"环节中，此时还需要配置安装选项，选中"创建桌面快捷方式"复选框（在计算机桌面生成一个图标，便于直接从桌面打开软件），其他选项默认即可，再单击"下一步"按钮，如图2-4所示。

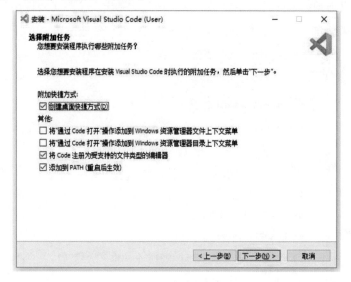

图 2-4　选择附加任务

确认编辑器安装的目录及其他项的设置内容无误后，单击"安装"按钮进行安装，如图2-5所示。

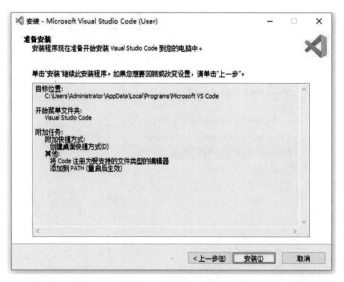

图 2-5　准备安装

这时候，VS Code安装程序开始安装到计算机，并显示程序的安装进度，如图2-6所示。

图 2-6 安装程序

完成安装后，需要单击"完成"按钮，即可完成安装 VS Code 编辑器，如图 2-7 所示。

图 2-7 安装完成

VS Code 编辑器安装完成后，安装程序会自动打开 VS Code 编辑器，如图 2-8 所示，表明程序已经安装成功。

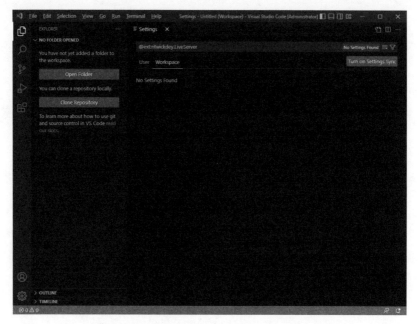

图 2-8　打开 VS Code 编辑器

2.2 VS Code 安装扩展

首次打开 VS Code 编辑器，你会惊奇地发现界面内全是英文，如果看不太懂英文的意思，可不可以把界面内容设置成中文呢？别紧张，解决这件事情其实很简单。在 VS Code 编辑器中，可以一键安装语言包，将编辑器软件的操作界面变为熟悉的中文……

除了中文语言包插件，VS Code 编辑器还有很多其他插件可以帮助我们快速进行程序开发，以及搭建网站。

2.2.1　安装中文语言包

简体中文语言包为 Chinese（Simplified）（简体中文）Language Pack for Visual Studio Code，在 VS Code 编辑器中需要通过添加扩展插件来安装这个语言扩展包，那怎么添加这个扩展插件呢？如图 2-9 所示。

图 2-9　安装中文语言包

❶　在编辑器的左侧栏目中，最后一个图标是编辑器的"扩展商店"，单击该图标将会罗列出大量的可安装的扩展插件。

❷　为了快速找到中文语言包扩展插件，我们可以在搜索框中输入"chinese"进行搜索。

❸　从搜索结果中找到"Chinese（Simplified）（简体中文）"扩展插件，单击"Install"按钮进行安装。

　　安装好中文语言包扩展插件后，编辑器右下角会提示需要重启编辑器软件，如图 2-10 所示，单击"Restart"按钮重启编辑器。

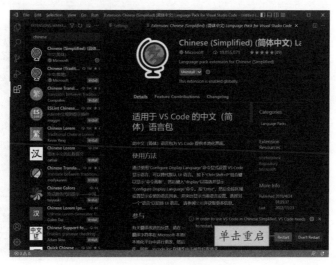

图 2-10　重启 VS Code

等待重启编辑器完成后，就能看到熟悉的中文界面了，如图 2-11 所示。

图 2-11　VS Code 中文界面

接下来，我们还需要安装两个非常有用的扩展插件，对于其具体的功能，在使用时再一一详细介绍。

2.2.2　安装 Live Server

Live Server 是一个具有实时重新加载功能的小型开发服务器。服务器也称为伺服器，是提供计算服务的设备，网页在它上面运行，这样我们才能使用浏览器通过链接访问到网页。安装 Live Server 可以让我们的计算机像服务器一样运行网页，安装步骤如图 2-12 所示。

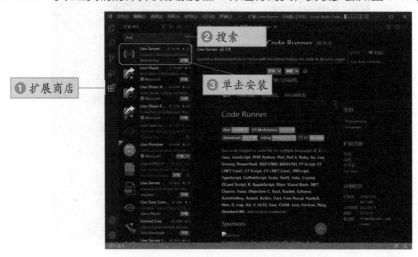

图 2-12　安装 Live Server

❶ 在左侧栏目中单击"扩展商店"图标，打开应用商店。

❷ 在打开的页面上方搜索框中输入"live"，对 Live Server 进行快速搜索。

❸ 在搜索结果中找到"Live Server"扩展插件，单击"安装"按钮进行安装，安装完毕后不需要重启编辑器。

2.2.3 安装 Code Runner

Code Runner 是一款非常便捷的代码调试扩展插件，可以运行多种编程语言的代码片段或代码文件，能够及时查看程序执行结果，以及定位代码出错的位置，提示代码错误的原因等，安装步骤如图 2-13 所示。

图 2-13　安装 Code Runner

❶ 在左侧栏目中单击"扩展商店"图标，打开应用商店。

❷ 在打开的页面上方的搜索框中输入"code"来快速搜索"Code Runner"。

❸ 从搜索结果中找到"Code Runner"扩展插件，单击"安装"按钮进行安装。

扩展插件安装完成之后，删除搜索框中的文字，就能看到已经安装的所有扩展了，如图 2-14 所示。

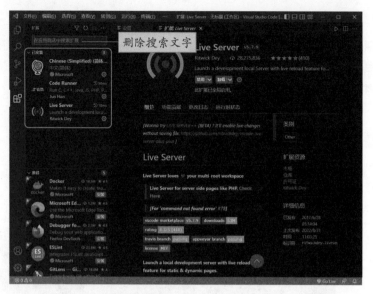

图 2-14　已安装的所有扩展

2.2.4　VS Code 初体验

将一切准备就绪后，快来体验 VS Code 编码带来的丝滑操作吧。

（1）打开 VS Code 编辑器，单击左侧栏目上第一个图标，打开"资源管理器"，并单击"打开文件夹"按钮，如图 2-15 所示。

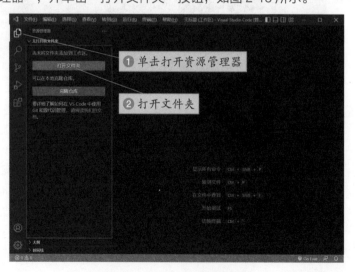

图 2-15　打开"资源管理器"

（2）单击"打开文件夹"按钮之后将会弹出目录列表，找到我们创建的网站目录（D
盘中的 html 文件夹），如图 2-16 所示，选择此文件夹，单击右下角的"添加"按钮，将
文件夹添加到工作区中。

图 2-16　选择并添加创建的网站文件夹

此时这个文件夹已成功地添加到工作区，我们也可以看到之前编写的第一个程序，如
图 2-17 所示，文件前有一个 <> 图标，表示这个文件是一个 HTML 文件，不同的文件格式
前都会有不同的图标来标注文件类型。

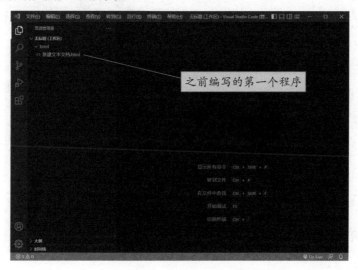

图 2-17　文件夹添加完毕

现在我们再创建一个新的 HTML 文件。

我们把鼠标移动到工作区，会出现 4 个图标，从左到右依次是"新建文件""新建文件夹""刷新资源管理器""在资源管理器中折叠文件夹"操作。单击第一个图标"新建文件"，然后输入文件名"index.html"，如图 2-18 所示。

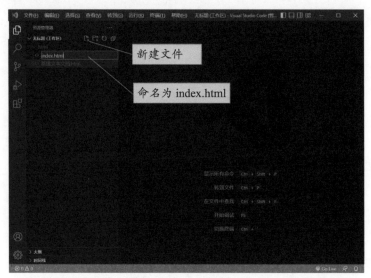

图 2-18　新建 index.html 文件

文件名输入完毕，按"Enter"键完成文件的创建，此时右侧代码区会自动打开刚才新建的文件"index.html"，如图 2-19 所示。

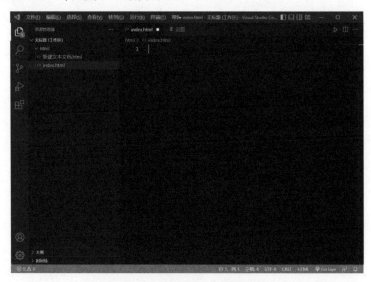

图 2-19　index.html 创建完毕

接下来，我们可以开始编写代码了。按照规范的 HTML 页面结构，最外层需要有一对 <html> 标签，在文件第一行先输入"html"，看一看会发生什么。

可以看到，当我们输入"ht"这两个字母的时候，它会智能匹配出我们想要输入的是 "html"，如图 2-20 所示。

图 2-20　智能匹配

这时只需要按键盘上的"Enter"键，编辑器会将一对 <html> 标签自动补全，并且将光标停留在两个标签中间，方便我们进行下一步编辑，如图 2-21 所示。

图 2-21　添加最外层 <html> 标签

再按"Enter"键，即可进行代码行换行，光标也会自动实现代码缩进，如图 2-22 所示。是不是觉得比起之前在记事本中编写代码容易了很多？有了这款编辑代码"神器"，你将会发现原来编码也可以如此简单。

图 2-22　换行自动缩进

通过 1.2 节的介绍，我们知道标准网页里有一部分标签是固定格式不变的，即每个页面都存在相同的固定的标签结构。那么，我们还需要再写一遍吗？编辑器能不能再智能一些，就像使用模板创造出许许多多一模一样的产品一样，直接将固定的标签结构添加到文件中，不再浪费时间编写这些重复的代码？答案是当然可以。

2.2.5　创建代码片段

对于代码中固定不变的部分，我们可以使用代码片段功能做成模板，之后每次在创建新文件的时候，可以使用命令（快捷键）快速自动生成想要的代码片段。

在菜单栏里选择"文件"→"首选项"→"配置用户代码片段"命令,如图2-23所示。

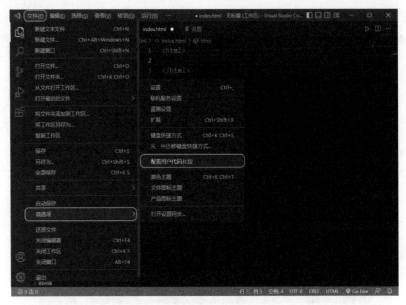

图 2-23　配置用户代码片段

接下来,在弹出的窗口的下拉列表中使用鼠标向下拉动滚动条,找到"html(HTML)",如图2-24所示。选择该选项,即可打开代码片段模板。

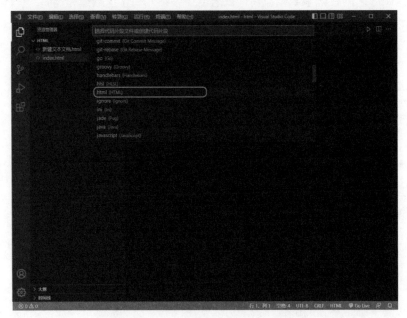

图 2-24　选择"html(HTML)"片段

从本书配套的资源文件中找到本章节对应的配置文件（html 代码片段 .txt），将配置文件（html 代码片段 .txt）里的内容进行复制，以替换当前代码片段，如图 2-25 所示。

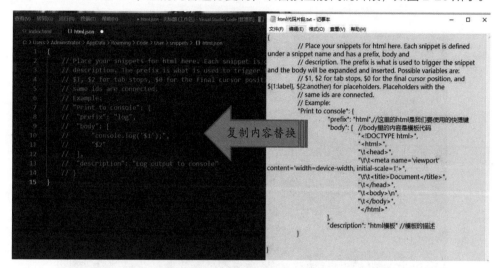

图 2-25　替换代码片段

替换之后的代码片段配置文件如图 2-26 所示，"prefix"用来设置快速生成代码片段的快捷键，"body"是将会生成的代码片段。

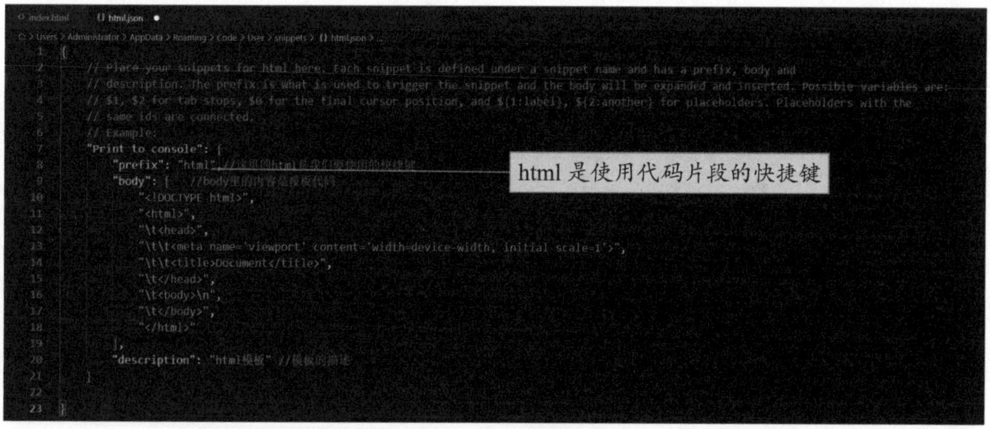

图 2-26　替换完毕

在键盘上同时按"Ctrl"和"S"两个按键保存设置。"Ctrl+S"组合按键是保存文件的快捷键，使用非常方便，编辑代码的过程中会经常使用到它。在编写代码过程中，要谨记：一定要随时保存代码！一定要随时保存代码！一定要随时保存代码！重要的事情说三遍。

这样我们的 HTML 模板就创建完成了，再回到 index.html 代码编辑区域，我们删除之前的所有内容，输入我们在模板中定义的快捷键"html"，按键盘上的"Enter"键，如图 2-27所示。

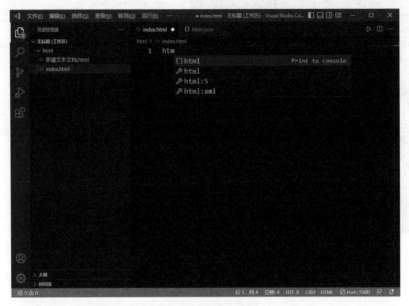

图 2-27　输入快捷键

哇哦，这些代码就自动地都出来了，如图 2-28 所示。

```
index.html ●
html > ⟨⟩ index.html > ⬡ html
 1  <!DOCTYPE html>
 2  <html>
 3      <head>
 4          <meta name='viewport' content='width=device-width, initial-scale=1'>
 5          <title>Document</title>
 6      </head>
 7      <body>
 8
 9      </body>
10  </html>
```

图 2-28　自动添加代码

▶ 注意

　　<!DOCTYPE html> 是一个声明，用来告知浏览器这是一个 H5（HTML5）的页面（声明并不是一个 HTML 标签内容）。

　　<meta name='viewport' content='width=device-width, initial-scale=1'>

　　添加这行代码的目的是让页面能够适应不同的显示设备，例如手机、平板电脑等。

现在可以在 \<body\> 标签中添加一些文字让它显示在网页上，加黄色底纹的部分为新增的代码片段（这里是要显示在网页上的标题和内容），将此代码添加到 index.html 文件之后，记住要保存代码，可以在键盘上同时按"Ctrl"和"S"两个按键进行保存。

```html
<!DOCTYPE html>
<html>
    <head>
        <meta name='viewport' content='width=device-width,
initial-scale=1'>
        <title>Document</title>
    </head>
    <body>
        <h1> 这是我的第一个网页 </h1>
        <p> 欢迎来到我的网站，本站还在建设中……</p>
    </body>
</html>
```

说明

上述代码中，加黄色底纹的第一行添加了显示在网页上的标题，加黄色底纹的第二行添加了显示在网页上的一个段落。

打开网站目录（D:\html），双击"index.html"文件即可预览效果，如图 2-29 所示。

图 2-29　index.html 预览效果

我们现在是使用浏览器打开这个文件进行预览，如果想在其他设备上也打开这个页面，那就需要把这个文件发送到其他设备上，再用浏览器打开。然而我们访问网站并不需要这么麻烦，只需要输入网址（文件在网络中的地址）就可以打开对应的网站页面，且待后续讲解。

2.2.6　Live Server 本地服务

你制作的网页是怎么在网络中被访问的呢？

就好比你用心地画了一幅画，你对这幅画非常满意，每日对着自己的杰作陶醉。你希望更多人都能看到你的画作，于是你便带着你的画作出门，逢人展示它。

在大家的称赞声中，你觉得自己是新时代的毕加索，你更迫不及待地希望得到那些你不曾相识的人的认可。于是你找到了一家画展公司，经过你的努力，他们同意将你的画放在公开的画展上展示，于是你看到了很多人走进画展，从你的画前经过……

在这个场景中，画展空间是一个可以让大家都能进入的场所，相当于一台在互联网中运行的服务器，是一个可以让大家访问到网站的地方。有了举办画展的场所，游客来到画展现场时需要有人提供服务，为游客提供服务的就是画展公司。对于计算机来说，其他人想要访问到服务器上的网站，我们需要提供对应的网站服务，一个类似于画展公司提供服务的功能，将网页展示出来。我们在前面安装的工具插件 Live Server 是一个能够提供服务的软件，如何让这个插件运行并提供服务呢？

在工作区找到"index.html"，右击此文件，在弹出的快捷菜单中选择"Open with Live Server"命令，如图 2-30 所示。这时 Live Server 会启动服务，并自动用浏览器打开你的页面。

图 2-30　启动 Live Server

此时在浏览器中显示的页面与之前的大不相同，浏览器的地址栏内容变成了
"127.0.0.1:5500/index.html"（127.0.0.1 指的就是本机，5500 是服务端口），如图 2-31
所示。

图 2-31　通过网址访问 index.html

此时除了你的计算机，若还有其他移动设备也连接到了同一个网络，比如手机、平板
电脑等，你就可以使用它们访问到你的网页，如图 2-32 所示。

图 2-32　连接到同一个网络的设备进行访问

那么，其他设备如何打开该网站呢？

首先需要知道作为服务器的这台计算机的 IP 地址，也就是我们编写代码并运行 Live

Server 的这台计算机的 IP 地址。在计算机"开始"菜单或者通过搜索找到"命令提示符"程序,如图 2-33 所示。

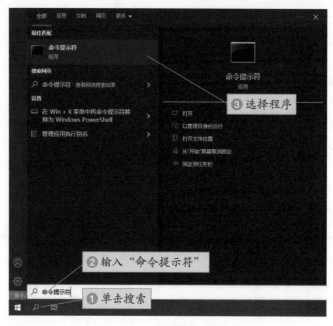

图 2-33　选择"命令提示符"程序

打开命令提示符窗口,输入"ipconfig",按"Enter"键,从显示的结果中查看计算机的 IPv4 地址,如图 2-34 所示。

图 2-34　查看 IP 地址

使用和计算机在同一个网络中的手机或平板电脑打开网址"192.168.0.114:5500/index.html"（192.168.0.114 换成你自己计算机的 IP 地址），如图 2-35 所示。

图 2-35　手机访问 index.html

2.2.7　本地服务启动与关闭

Live Server 本地服务启动后，只要不关闭，它会一直保持启动的状态，我们可以在 VS Code 编辑器的右下角查看 Live Server 服务的运行状态，如图 2-36 所示，"Port:5500"表示本地服务处于启动状态，服务端口为 5500，单击这里可以关闭服务，或者关闭 VS Code 编辑器软件也会关闭服务。

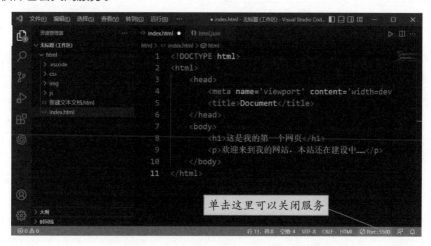

图 2-36　Live Server 启动中，单击可关闭

如果编辑器右下角显示"Go Live"，则表示本地服务没有启动，如图 2-37 所示，单击可以重新启动服务。

图 2-37　Live Server 未运行，单击可启动

在本地服务运行状态下，如果你对页面的代码进行修改，只需要保存代码，浏览器就会自动刷新并显示修改后的效果，不用每次都启动"Open with Live Server"去预览。

▶ **注意**

　　＊本书后面章节中如果没有特别说明，都表明是在本地服务状态处于启动状态下进行编辑预览。

能不能把这个网址发给我们的同学？他们能打开吗？

答案是不行的，2.2.6 节已经讲到，只有跟这个计算机处于同一个网络中的设备才可以访问到你的页面，外部计算机是无法访问的。就如同你的画展只能在你的城市展出，其他城市的人无法看到你所在城市的画展。如果他们想要看到你的画，他们需要坐飞机、火车或其他交通工具来到你的城市才能参观，对于网络来说也是如此。

那我们又该如何分享我们的网站呢？第 3 章将来揭晓。

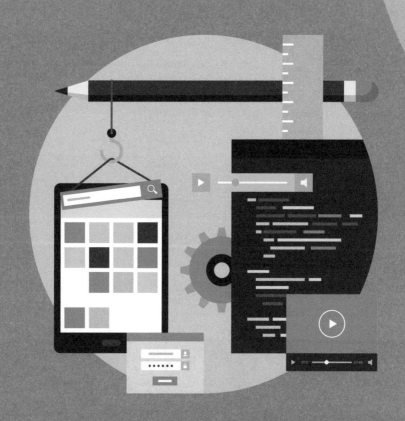

第 3 章
免费搭建网站

　　第 2 章我们学习了使用 Live Server 服务，让网页在同一个网络中能被其他设备访问到，本章我们将学习如何搭建一个能让大家都可以访问到的网站。通常情况下，想要搭建一个网站，得先拥有一台能够 24 小时无间断运行的服务器，还需要为服务器购买域名（就是网站网址），进行域名解析、备案后，再把自己的程序放到服务器上。是不是感觉这一个过程比较复杂难懂？对于我们初学者来讲，有没有其他既能免费又能简单操作的解决方案呢？

　　这里有一个方案，把自己的计算机当作服务器，让不在同一个网络的人们也能访问你的网站。这时候需要想办法给自己的计算机创建一个隧道，使用这个隧道将你的计算机与外面的互联网连接起来，其他人就可以通过隧道从外面的互联网访问你的网站。在本章中，我们学习如何给自己的计算机创建一条通往互联网的隧道，让自己计算机上的网站能够被不同地域的人们访问。

3.1 注册账号，创建隧道

在互联网中，能够免费创建隧道的平台比较多，"飞鸽"是其中的一款。如果对此有兴趣，可以在网络中搜索"内网穿透"，以了解更多信息。

3.1.1 注册账号、登录

在网络中搜索"飞鸽内网穿透官网"，或直接打开网址"https://www.fgnwct.com/"，如图 3-1 所示。网络平台页面可能会有更新改动，以打开页面看到的实际情况为主。

图 3-1 打开飞鸽网站

第一步 注册账号

找到"注册账号"按钮，如图 3-1 所示，单击进入注册页面。

第二步 填写注册信息

在打开的注册页面中，根据页面上的提示内容填写信息，完成注册，如图 3-2 所示。

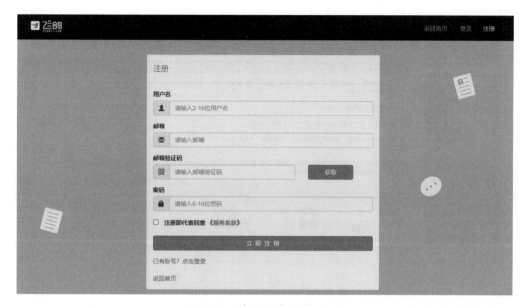

图 3-2 填写信息完成注册

第三步 登录控制台

使用刚才注册的用户名（此时用户名为注册时填写的邮箱）和密码登录控制台，如图 3-3 所示。

图 3-3 登录飞鸽

登录成功后，会进入平台的控制台，如图 3-4 所示。

图 3-4　进入控制台

3.1.2　创建隧道

有了账号，就可以进入控制台创建一个免费的隧道，这样用户就可以通过这个隧道访问到我们的网站了。

第一步　创建免费隧道

在控制台左侧菜单栏中找到并单击"开通隧道"，选择"免费节点"，单击"免费使用"按钮，如图 3-5 所示。

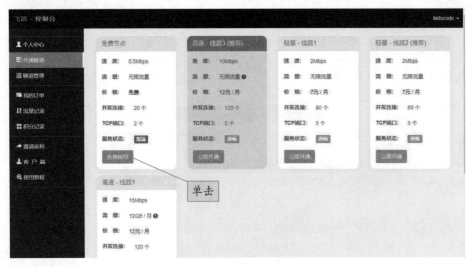

图 3-5　创建免费隧道

第二步 填写隧道信息

进入隧道创建界面，根据提示填入信息，如图 3-6 所示，填写完毕就可以确认开通了。

图 3-6　填写隧道信息完成开通

填写说明：

协议：选择 http(s)。

备注：可以填写任意内容，例如做的是一个网站，这里可以填写"网站"。

域名类型：选中"系统分配"单选按钮，即可使用系统分配的免费域名。

前置域名：可以填写任意内容，例如填写"school"，那么网站的网址就会以"school"开头，如"school.free.svipss.top"。

本地 IP 端口：就是 Live Server 启动服务，与 Live Server 启动的网页网址相同（127.0.0.1：5500），如图 2-31 所示。

完成信息填写后，单击"确认开通"按钮。成功开通隧道之后，在"隧道管理"界面，可以看到为你免费分配的网站域名（即网址，你可以记下来，方便以后使用），如图 3-7 所示。

图 3-7　隧道管理

此平台的隧道在创建成功后会一直生效，因此可以直接使用，不用每次都登录控制台去创建隧道。

3.2 启动隧道，网站上线

将隧道开通之后，此时还需要一个大门。通过大门的开启或关闭，可以控制外来访问者是否可以进入你的网站。

3.2.1 下载客户端

我们需要在计算机上下载一个"飞鸽"客户端软件，这个软件就是我们所说的隧道大门。

第一步 打开下载页面

在"飞鸽"控制台菜单中选择"客户端"，将会打开下载页面，如图 3-8 所示。

图 3-8 选择"客户端"

第二步 下载客户端

根据自己计算机的系统下载对应版本的客户端。对于 Windows 操作系统，可以通过右击"此电脑"（或"我的电脑"），在弹出的快捷菜单中选择"属性"命令查看是 32 位还是 64 位系统，然后进行下载，如图 3-9 所示。

图 3-9 下载客户端

第三步 解压缩

下载完成之后，找到下载的文件，然后利用解压软件将其解压，如图 3-10 所示。

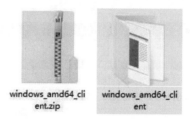

图 3-10 解压缩下载的客户端文件

3.2.2 启动客户端

打开解压缩后的文件夹，可以看到有两个文件——"npc.exe"和"傻瓜式运行点击我 .vbs"，如图 3-11 所示。

图 3-11 打开解压缩后的文件夹

第一步 运行客户端

在解压缩的文件夹中，双击"傻瓜式运行点击我.vbs"文件，打开"飞鸽内网穿透客户端"对话框，如图 3-12 所示，根据提示，先要填写启动命令。

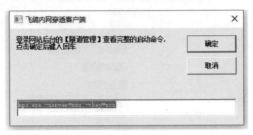

图 3-12　打开客户端软件

第二步 填写启动命令

在控制台的"隧道管理"中查看完整的启动命令，如图 3-13 所示。复制启动命令后，将其粘贴到"飞鸽内网穿透客户端"对话框中。

图 3-13　在控制台找到启动命令

第三步 启动，打开大门

在"飞鸽内网穿透客户端"对话框中单击"确定"按钮，启动客户端（打开隧道大门），如图 3-14 所示。启动成功之后，不能关闭这个命令窗口，关闭命令窗口意味着关闭了客户端（关闭隧道大门），其他人无法正常访问你的网站。

图 3-14　启动客户端

3.2.3　网站上线

到达网站的道路都打通了，下面就可以启动服务并把你网站的地址（网址）告诉给你的朋友，他们就能顺利访问了。

第一步　启动网站服务

打开 VS Code，在工作区中找到"index.html"，在文件上右击，在弹出的快捷菜单中选择"Open with Live Server"命令，启动网站服务，如图 3-15 所示。

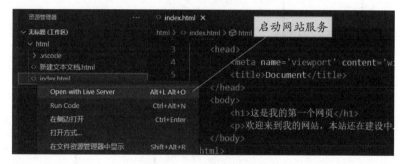

图 3-15　启动网站服务

第二步　分享你的网址

在飞鸽控制台的"隧道管理"中，可以查看生成的访问地址，如图 3-16 所示。

图 3-16　使用网址访问

3.2.4　流程总结

开启并分享网站的一个完整的操作过程，如图 3-17 所示。

① 在 VS Code 编辑器中使用 Live Server 启动服务，运行网站。

② 启动飞鸽内网穿透客户端，打开你的隧道大门。

③ 使用创建隧道生成的网址访问你的网站。

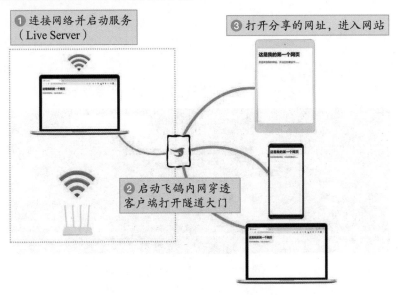

图 3-17　分享网站的步骤

如果你想让你的朋友随时都可以访问你的网站，那么你就需要保持你的计算机 24 小时开机，并且保证 Live Server 程序和客户端一直处于启动运行状态。

第 4 章

网页设计制作

　　经过第 3 章的学习，恭喜你的网站上线啦！由于网站的页面内容比较单一，缺少丰富的元素内容，对于浏览这个网站页面的用户来说，不会产生很大的吸引力，因此需要想办法吸引他们的注意力，让他们经常光顾网站。

　　在这一章中，我们将学习如何制作出一个精美的网站首页，让你的网站焕然一新。在学习的过程中，你也可以邀请你的好友随时关注你的网站动态，了解你的学习进度，见证你的成长。

4.1 召集助手

对于新手来说，想要制作一个精美的网站首页，是一项极具挑战的工程任务。因此，我们在开始对网页"施工"之前，需要寻找一群得力的助手，这些助手去哪里寻找呢？

很巧，就有这样一个给力的"施工队"，它们的名字叫作Bootstrap。Bootstrap可以说是全球最受欢迎的网页"施工队"之一，这个队伍配备了先进且完善的"建筑工具"，有了它们的加入，制作一个精美的页面变得更加简单，接下来，我们将邀请这个团队，加入我们的工程任务中。

第一步 **获取 Bootstrap 文件**

从本书配套的下载资源中找到对应章节，打开"Bootstrap"文件夹，在这个文件夹里复制"css"和"js"两个子文件夹，如图 4-1 所示。

图 4-1　复制文件夹

复制这两个文件夹后，将其粘贴到自己的网站目录"html"文件夹下面，如图 4-2 所示。

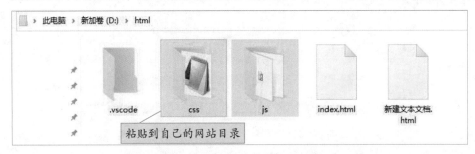

图 4-2　粘贴到"html"文件夹里

"施工队"已经到位，接下来需要把它们引入我们的网页代码中来，这样它们才能帮助我们快速搭建精美的页面。

第二步　在网页中引入文件

在 VS Code 编辑器中打开"index.html"，找到头部 <head> 标签，在 <title> 标签的下一行输入"link"，编辑器会自动弹出提示框，如图 4-3 所示，使用鼠标单击"link:css"或者用方向键选择"link:css"，再按"Enter"键，编辑器将会自动填充并生成完整的标签代码。

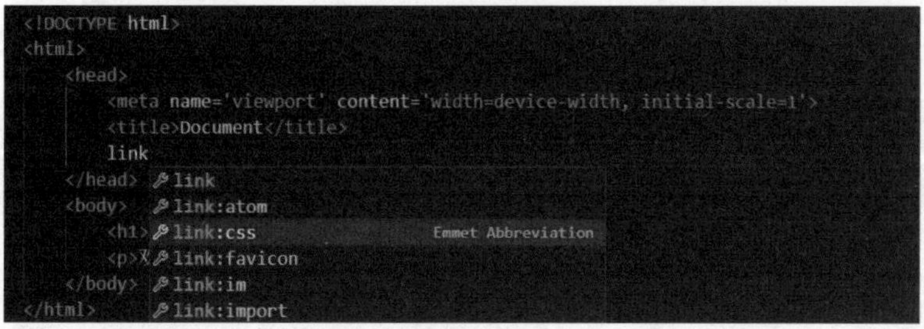

图 4-3　引入 CSS 文件

接下来，需要修改刚才新添加的 <link> 标签中 href="style.css" 的内容，来引入 Bootstrap 的 CSS 样式文件，在"style.css"内容前面输入"./"，在提示框中选择"css"文件夹，如图 4-4 所示。

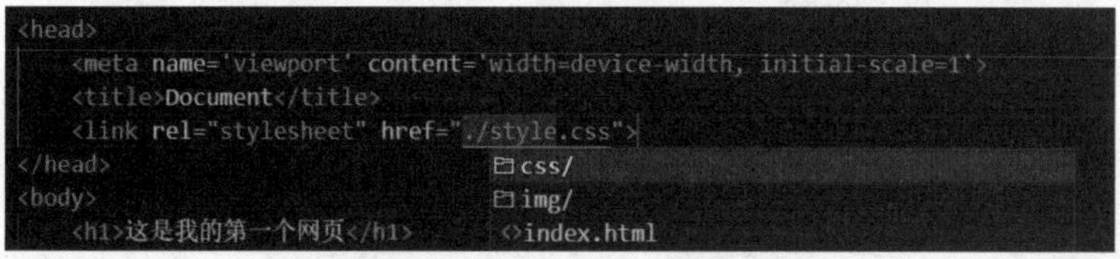

图 4-4　选择"css"文件夹

编辑器弹出提示框，我们需要继续选择"bootstrap.min.css"文件，如图 4-5 所示。这样我们就把刚才复制到自己网站目录的"css"文件夹下的"bootstrap.min.css"文件成功引入网页代码之中了。

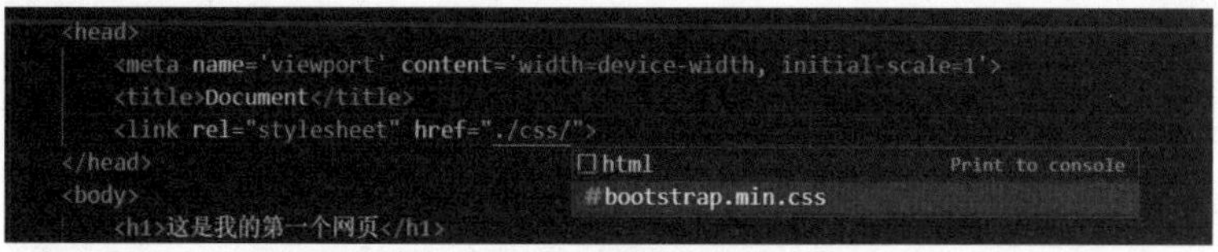

图 4-5　引入 bootstrap.min.css

除了需要引入 CSS 样式文件，我们还需要引入 JS 文件，与之前的操作相似，在下一行中输入"script"，再在编辑器弹出的提示框中选择"script:src"，如图 4-6 所示。

图 4-6　引入 JS 文件

紧接着在"src"的值中输入"./"，如图 4-7 所示。在弹出的提示框中选择"js"文件夹，再在其目录下选择"bootstrap.min.js"文件。

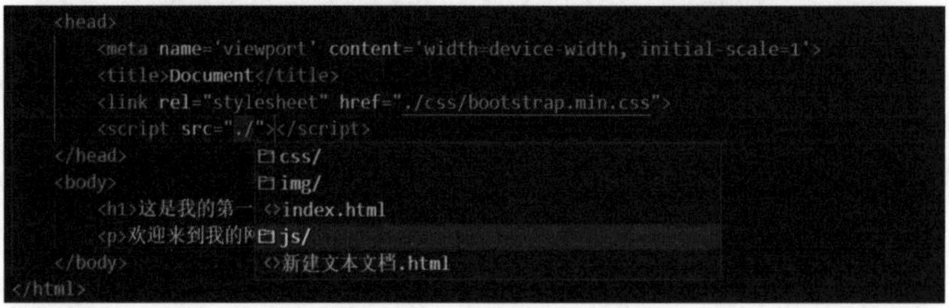

图 4-7　选择"js"文件夹

接着，再以同样的方法将"popper.min.js"文件引入网页代码之中，如图 4-8 所示。

图 4-8　引入 popper.min.js

完整的头部代码如下：

```
<head>
        <meta name='viewport' content='width=device-width,
initial-scale=1'>
        <title>Document</title>
        <link rel="stylesheet" href="./css/bootstrap.min.css">
        <script src="./js/bootstrap.min.js"></script>
        <script src="./js/popper.min.js"></script>
    </head>
```

说明

　　上述代码中，加黄色底纹的第一行为引入 CSS 样式文件的标签代码，加黄色底纹的后面两行为引入 JS 文件的标签代码。

1. 网页脚本在引入 CSS 与 JS 文件时，使用到了文件的相对路径，什么是相对路径？

　　相对路径，是当前文件（例如 index.html）与它要访问的 "css" 文件、"js" 文件，或者其他文件的路径关系。

　　"./"：代表当前文件的同一级文件夹目录。

　　"../"：代表当前文件的上一级文件夹目录。

　　例如：

　　href="./css/bootstrap.min.css"

表示引入与 "index.html" 文件在同一个文件夹目录下的 "css" 文件夹里的 "bootstrap.min.css" 文件，可以对照图 4-9 进行理解。

"bootstrap.min.css" 文件相对 "index.html" 文件的位置

图 4-9　相对位置

2. 为什么要把引入 CSS 文件与 JS 文件的代码放在 \<head\> 标签里？

　　并不是一定要把引入 CSS 文件与 JS 文件的代码放在 \<head\> 标签里，放在 \<body\> 标签里也是可以的。但为了页面更佳的加载性能和更好的体验，会把引入 CSS 文件与 JS 文件的代码放在 \<head\> 标签里。

3. 有时候点开一些网站，它们看起来好像 "坏掉了"，页面内容显示错乱，图片显示不出来，是因为连接不上这两种文件吗？

　　遇到网页内容显示错乱这种情况，一般是因为 CSS 文件无法成功引入网页。如果图片显示不出来，可能是图片文件丢失或者网络问题。如果 JS 文件无法加载到网页中，页面上的一些动态效果会失效，例如轮播图无法切换滚动、单击按钮没有反应等。

在将 CSS 文件与 JS 文件引入网页后，此时"施工团队"已准备就绪，接下来让我们大干一场吧。

4.2 设计草图

在对网页进行"施工"之前，我们还需要准备"施工"的图纸。做一个网站其实是一个复杂的大工程，需要"施工"图纸对网站进行规划，这样在编写网站代码的过程中才能有条不紊地进行。

我们计划将网页改造成为自己学校设计的一个首页，在制作之前，需要构思一下要展示哪些内容，构思过程中可以参考别人的网站，仔细想一想怎样把内容展示在网页上。我们可以准备一张草稿纸，不需要把草图画得很漂亮很精致，只需要绘制出网页大致的框架即可，绘制出来的草图将作为页面制作的模板。

图 4-10 是为自己学校设计的一个网站首页草图。

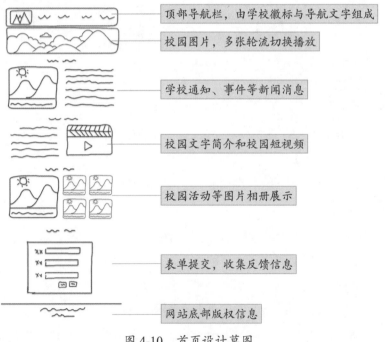

图 4-10　首页设计草图

根据上面的草图我们将网页分为 7 个部分，对这 7 个部分分别按模块研究，创建相应的 HTML 代码构建出网页框架，再使用 CSS 样式进一步美化页面。首先，我们要创建导航栏模块，接下来让我们进入该模块的学习吧。

4.3 导航栏

对于草图里的每一个部分，我们都可以将其想象成一个盒子，将这些盒子按照草图的布局从上到下摆放在一起就形成最终的网页效果。网页顶部内容是导航栏，它类似于一本书的目录，能够让用户快速到达他想访问的地方，如图 4-11 所示。

图 4-11 导航栏效果图

根据图 4-11，我们拆分一下导航栏里的元素的结构。从整体来看，最外层是一个很大的盒子，而大盒子里面还放了两个小盒子，左侧是用来放学校徽标（Logo）图片的盒子，右侧是放置具体导航链接文字的盒子，如图 4-12 所示。

图 4-12 导航栏框架结构草图

4.3.1 创建导航栏框架

接下来，我们按照上面的分析来创建导航栏框架。

第一步 搭建导航栏框架

在 VS Code 编辑器中打开"index.html"，删除之前在页面里 <body> 标签中添加的代码，根据分析出的导航栏结构添加对应的 HTML 5 标签，做出导航的主体框架，代码如下：

```
<body>
    <!-- 导航 -->
    <nav>
        <!-- Logo 图片 -->
        <img>
```

```
            <!-- 导航文字列表 -->
            <ul>
            </ul>
        </nav>
    </body>
```

HTML5 知识

<!-- 与 -->：用于在 HTML 中添加注释，注释内容不会被程序运行，并且浏览器也不会在页面上显示注释。注释用来对代码进行说明，或者注释 HTML 代码让其失效，因此并不保留在页面上。

<nav> 标签：标注一个导航栏的区域，是导航栏框架结构草图里最外层的大盒子。

<img> 标签：定义页面中的图像，该标签比较特殊，没有闭合标签，是导航栏框架结构草图里的大盒子里左侧的小盒子，用来放置图片。

<ul> 标签：定义无序列表，它需要与 <li> 标签一起使用，创建无序列表，是导航栏框架结构草图里的大盒子里右侧的小盒子，用来放置导航文字。

第二步 设置导航栏的外观样式

上面添加的代码仅仅是一个导航栏的框架，此时页面没有任何内容显示，接下来就要通过 Bootstrap 团队来给我们的框架进行"装修"。

首先是最外层的导航栏 <nav> 标签，使用 class=" 样式名称 1 样式名称 2" 的方式为标签设置各种不同的 CSS 样式，例如背景颜色、大小位置等样式。这些设计方案在 Bootstrap 的 CSS 文件里已经定制好了，你要做的事情就是挑选你喜欢的外观样式。

代码如下：

```
<!-- 导航 -->
<nav class="navbar navbar-expand-sm bg-warning navbar-light">
```

HTML5 知识

属性：HTML 元素可以设置属性，通过属性可以在元素中添加附加信息，一般添加在开始标签，以"名称＝值"的形式出现，比如：class="navbar"。

class：为 HTML 标签元素设置一个或多个样式，样式名称之间用空格隔开。

通俗地讲，当一个标签加了 class 属性，就会改变这个标签显示的效果，具体是怎样的效果，由 class 值中对应的样式决定，在后面的学习中会详细讲解这部分内容。

在学习中，可以将使用与不使用该样式的效果进行对比，便于理解学习。

navbar：一个标准的导航栏样式。

navbar-expand-sm：导航栏根据显示屏幕的不同尺寸自动改变布局（当屏幕大于或等于 576 像素时，导航左右平铺，比如计算机等大显示屏，效果如图 4-13 所示；当屏幕小于 576 像素时，一般如手机屏幕，导航就上下垂直堆叠显示，如图 4-14 所示）。

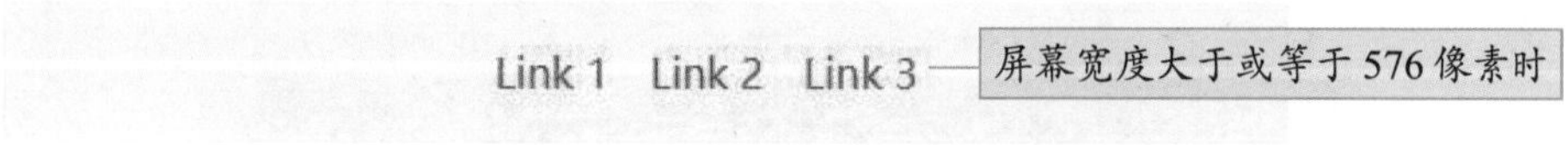

图 4-13　大屏幕左右平铺显示

图 4-14　小屏幕垂直堆叠显示

可选：navbar-expand-xxl|xl|lg|md|sm，对应屏幕尺寸如表 4-1 所示。

表 4-1　不同屏幕尺寸

xxl	xl	lg	md	sm
超大屏幕	特大屏幕	大屏幕	中等屏幕	小屏幕
≥1400 像素	≥1200 像素	≥992 像素	≥768 像素	≥576 像素

bg-warning：设置导航栏的背景颜色为黄色。bg 表示设置背景，warning（颜色名称）表示警告色，对应图 4-15 中的黄色。导航栏的背景色有多种颜色样式可选，参考颜色卡如图 4-15 所示，例如蓝色为 primary。

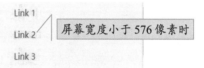

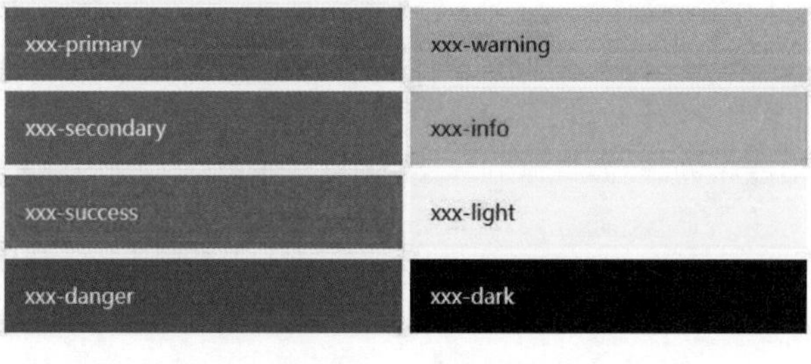

图 4-15　颜色卡

navbar-light：设置导航文字的颜色，light 对应图 4-15 中的灰色。

如果以上样式并不符合要求，没有自己想要的颜色，该怎么办？

遇到这种情况，我们可以自己定义 CSS 样式，具体的方法在后面的章节会讲解。

最外层的导航盒子做好后，将代码进行保存。在浏览器里预览（在 VS Code 编辑器中使用"Open with Live Server"启动服务进行预览，后面章节内容中所讲的预览都使用相同的方法，在 Live Server 运行状态下，对页面进行了修改，只需要保存代码，浏览器会自动刷新并显示修改后的效果，不需要每次都用"Open with Live Server"去启动服务预览），可以看到页面顶端有一条黄色的区域，如图 4-16 所示，这就是导航栏。

图 4-16　空的导航栏预览效果

4.3.2　给导航添加 Logo 图片

接下来，在导航栏左侧放入学校的徽标，也就是 Logo 图片。

第一步　准备图片

需要先准备好图片素材，可以从本章节对应的资源目录里找到"img"文件夹，将其复制到我们的网站目录"html"文件夹里，如图 4-17 所示。

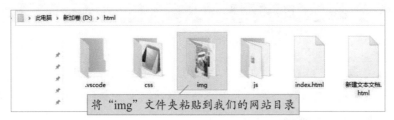

图 4-17　复制"img"文件夹到"html"文件夹下

第二步　添加图片

在 VS Code 编辑器中为"index.html"文件中的 <img> 标签添加属性，代码如下：

```
<!-- Logo 图片 -->
<img src="./img/logo.png" alt="Logo" width="60px"
class="ms-4">
```

保存代码后，在浏览器的显示效果如图 4-18 所示。

图 4-18 导航栏添加 Logo 图片的效果

HTML5 知识

src：规定显示图片的 url（url：引用图片的位置，使用相对路径）。

alt：图片的替代文本，如果图片无法显示，会显示这个替代文本，一般为图片的说明文字。

width：图片显示的宽度。由于图片本身宽度比较大，因此这里设置宽度为 60 像素。

样式说明

ms-4：左边距，边距的大小为 4。

mt-*/mb-*/ms-*/me-*：上边距 / 下边距 / 左边距 / 右边距（＊为数字）。

mx-*：左右同时产生边距（＊为数字）。

my-*：上下同时产生边距（＊为数字）。

m-*：上下左右同时产生边距（＊为数字）。

-4：4 是边距大小，可以分别设置 0、1、2、3、4、5、auto（自动边距）。

例如：me-5 表示右边距，大小为 5。

4.3.3 添加导航文字

导航栏就如同目录，通过文字能清晰地引导用户前往不同的内容版块。

第一步 添加导航文字

在 <ul> 标签中添加多个导航文本，每个导航文本需要放在一对 <li> 标签中（<ul> 标签需要与 <li> 标签一起使用），代码如下：

```
<!-- 导航文字列表 -->
<ul>
    <li>
        学校简介
```

```
    </li>
    <li>
        校园要闻
    </li>
    <li>
        校园生活
    </li>
    <li>
        合作交流
    </li>
    <li>
        社团活动
    </li>
    <li>
        联系我们
    </li>
</ul>
```

保存代码后预览网页,此时并不能得到我们想要的导航栏效果,这些文字都是竖着排列,并且前面有个小圆点,我们需要给它添加 CSS 样式进行美化。

第二步 添加样式美化

使用 Bootstrap 定制好的导航样式,为 <ul> 标签添加 class="navbar-nav" 样式,为每个 <li> 标签添加样式 class="ms-5",修改后的代码如下:

```
<ul class="navbar-nav">
    <li class="ms-5">
        学校简介
    </li>
    <li class="ms-5">
        校园要闻
    </li>
    <li class="ms-5">
        校园生活
    </li>
    <li class="ms-5">
        合作交流
    </li>
    <li class="ms-5">
```

```
            社团活动
        </li>
        <li class="ms-5">
            联系我们
        </li>
    </ul>
```

样式说明

navbar-nav：去掉导航文本前面的圆点，让导航文本横向排列。

ms-5：左边距，边距的大小为 5。

此时已完成网站主页的导航栏模块，保存代码之后，使用浏览器预览，如图 4-19 所示。

图 4-19　导航栏添加导航文字后的效果

再来看看手机预览的效果（可以使用手机直接打开网址，或者按下面的方法在浏览器里预览），因为是小屏幕，导航栏垂直堆叠显示，如图 4-20 所示。

图 4-20　手机预览效果

使用浏览器模拟手机预览的方法步骤如下。

❶ 在浏览器当前页面按 F12 键打开开发者工具界面。

❷ 在开发者工具栏上找到切换仿真设备图标，单击即可切换页面在计算机显示屏或者手机显示屏上的显示效果，下面是几款常见浏览器的开发者界面。

➤ 360 极速浏览器模拟手机预览的界面，如图 4-21 所示。

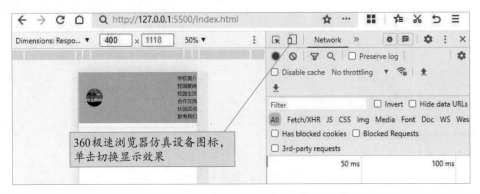

图 4-21　360 极速浏览器模拟手机预览

➤ 谷歌 Chrome 浏览器模拟手机预览的界面，如图 4-22 所示。

图 4-22　Chrome 浏览器模拟手机预览

➤ 微软 Edge 浏览器模拟手机预览的界面，如图 4-23 所示。

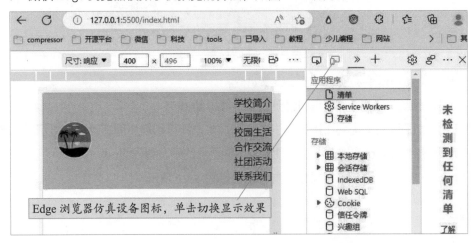

图 4-23　Edge 浏览器模拟手机预览

4.3.4 折叠导航栏

看到显示出导航栏，可先不要着急庆祝哦，在手机上，导航栏是垂直排列的，占据了页面的大量空间，而且也不美观。那该怎么办呢？

别着急，我们可以使用折叠栏。

在手机上，一般网站导航文本都会默认折叠起来，仅在导航栏显示一个按钮，当点击按钮的时候才会展开，如图 4-24 所示。

折叠

图 4-24 手机导航常见效果

第一步 **添加按钮**

在导航栏上添加一个按钮，并在按钮上显示 "…"。

```
<!-- Logo 图片 -->
<img src="./img/logo.png" alt="Logo" width="60px"
class="ms-4">
<!-- 折叠按钮 -->
<button>
    •••
</button>
```

将输入法切换为中文输入法，找到 ▢ 按键，即可打出小圆点 "·"。

第二步 **为按钮添加属性及样式**

```
<!-- 折叠按钮 -->
<button type="button" class="navbar-toggler">
    •••
</button>
```

说明

上述代码第 2 行中的 type="button" 表明该按钮是一个普通按钮，"navbar-toggler" 是样式名称，控制按钮在大屏幕上隐藏。

HTML5 知识

<button> 标签：定义一个按钮，在元素内部，可以放置字符或图像内容。

提示

<button> 标签需要设置 type。

  type="button"：普通按钮。

  type="reset"：重置按钮。

  type="submit"：提交按钮。

对于重置按钮和提交按钮，在本书后面的章节会介绍其使用。

样式说明

navbar-toggler：设置按钮的外观，控制按钮在大屏幕上隐藏。

添加完代码后再次在浏览器模拟手机预览，页面已显示刚才添加进去的折叠按钮，如图 4-25 所示。

图 4-25　添加折叠按钮

第三步　手机显示时隐藏导航栏文字

添加折叠按钮后，需要让导航文本隐藏起来，为导航文本的 <ul> 标签添加样式 "collapse navbar-collapse"，让导航栏右侧的文字隐藏。

```
<button type="button" class="navbar-toggler">
    ●●●
</button>
<!-- 导航文字列表 -->
<ul class="navbar-nav collapse navbar-collapse">
```

说明

上述代码第 5 行中新添加了两个样式，多个样式类名要用空格隔开。

保存后再次预览，导航文字已隐藏。使用鼠标单击这个按钮，按钮没有任何反应，因为按钮并没有和导航文字区域建立起互动的效果。将按钮比作开关，导航文字是灯，如果不使用电路线把开关和灯连接起来，开关即使是打开，灯也不会亮。

第四步 将按钮与导航文字进行关联

给 \<ul\> 标签加上一个"id"属性，id 是一个标签的唯一标识，好比我们每个人的身份证一样，它是独一无二的。在 id 的等号后可以自由填写内容，因为导航栏像一本书的目录一样，我们可以给它命名为"menu"。

```
<!-- 导航文字列表 -->
<ul class="navbar-nav collapse navbar-collapse" id="menu">
```

将这个"id"绑定到按钮上，将 data-bs-toggle="collapse" 和 data-bs-target="#menu" 属性添加到折叠按钮 \<button\> 里，用来连接按钮和要折叠的导航文字，实现折叠和展示的效果。

```
<!-- 折叠按钮 -->
<button type="button" class="navbar-toggler" data-bs-toggle=
"collapse" data-bs-target="#menu">
    • • •
</button>
```

修改完善代码，看看奇迹有没有发生，此时发现导航文字可以实现展开或收起，如图 4-26 所示。

图 4-26 导航栏隐藏折叠

这个按钮太靠近右边，怎么办？

可以给按钮再加一个 CSS 样式：me-4，这样可以给按钮增加边距。

```
<!-- 折叠按钮 -->
<button type="button" class="navbar-toggler me-4" data-bs-toggle=
"collapse" data-bs-target="#menu">
    • • •
</button>
```

上述代码第 2 行中的"me-4"指为按钮增加右边距。

保存代码后预览，最终导航栏的效果如图 4-27 所示。

图 4-27　设置折叠按钮边距

4.4 轮播图

完成导航栏部分的制作后，接下来开始制作导航栏下方滚动播放的图片部分，效果如图 4-28 所示。轮播图动起来的原理是将所有的图片并排排列，依次平移，在页面里只显示一张图片，其他的图片隐藏。

图 4-28　轮播图效果

拆分一下轮播图部分元素组成结构，最外面是一个大盒子，就是轮播图模块的整体区域，在大盒子里有放图片的小盒子，下方是放指示按钮的盒子，以及左右两个切换按钮，如图 4-29 所示。

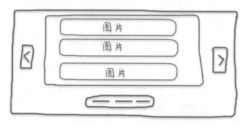

图 4-29　轮播图框架结构草图

下面按照分析的结构，一步步来实现轮播图部分功能。

4.4.1 图片切换轮播

先创建放置轮播图的盒子，再放入多张图片，然后设置这些图片在样式控制下只能显示一张，轮流显示，以实现轮播。

第一步 创建轮播图最外层大盒子

使用 <div> 标签创建轮播图模块的最外层大盒子，代码如下：

```
<!-- 轮播图 -->
<div id="lunbo" class="carousel slide" data-bs-ride="carousel">
</div>
```

将上面的代码放在导航栏代码的后面，为了避免添加代码位置发生错误，建议在 VS Code 编辑器中先将上方的导航栏代码折叠起来，再把新代码添加到网页里，如图 4-30 所示。用鼠标单击 <nav> 标签起始处（第 12 行这个位置），就可以将导航的 <nav> 标签折叠起来，然后在下方添加轮播图模块的代码。

图 4-30　添加轮播图盒子

HTML5 知识

<div> 标签：定义一个分隔区块或者一个区域，就是草图中的盒子。div 跟 nav 一样，都是定义一个区域，nav 是 HTML5 新增的标签，主要用于创建导航（navigate）菜单区域。

data-bs-ride="carousel"：定时器，默认 5 秒自动切换下一张图。

样式说明

carousel：创建一个轮播效果。

slide：图片切换的过渡动画效果。

第二步 创建放置轮播图片的盒子

再用 <div> 标签创建放置轮播图片的盒子，放在轮播图模块大盒子里。

```
<!-- 轮播图 -->
<div id="lunbo" class="carousel slide" data-bs-ride="carousel">
    <!-- 轮播的图片 -->
    <div class="carousel-inner">

    </div>
</div>
```

样式说明

carousel-inner：对所有轮播的图片进行控制，比如位置显示宽度等。

第三步　添加轮播图片

在轮播图片盒子（<div class="carousel-inner">...</div>）里放入三张图片，每张图片又单独放在一个"div"盒子（<div class="carousel-item">...</div>）里，代码如下：

```
<!-- 轮播图 -->
<div id="lunbo" class="carousel slide" data-bs-ride="carousel">
    <!-- 轮播的图片 -->
    <div class="carousel-inner">
        <div class="carousel-item active">
            <img src="./img/a.jpg" alt="第一张图" width="100%">
        </div>
        <div class="carousel-item">
            <img src="./img/b.jpg" alt="第二张图" width="100%">
        </div>
        <div class="carousel-item">
            <img src="./img/c.jpg" alt="第三张图" width="100%">
        </div>
    </div>
</div>
```

HTML5 知识

width="100%"：以百分比的方式控制图片的宽度，100% 为占满轮播图盒子，如果只占盒子的一半，则设置 width="50%"，如图 4-31 所示。

样式说明

active：该 <div> 标签内的图片将会显示。例如，轮播图中将默认显示第一张图片。

width=" 100%"　　　　　　　width=" 50%"

图 4-31　以百分比的方式控制图片的宽度

完成这一步，保存代码，预览可以看到轮播效果，如图 4-32 所示。

图 4-32　预览轮播效果

　　将鼠标移到图片之外，耐心等待 5 秒，图片会自动切换到下一张图片（任何拼写错误都可能导致图片无法播放，请认真检查你的代码）。此时无法通过鼠标进行控制，也不知道当前显示的是第几张图片，为此接下来我们需要添加指示按钮。

4.4.2　添加指示按钮

　　根据轮播图片的数量添加对应数量的指示按钮（每张图对应一个按钮），通过指示按钮可以清楚地看到当前显示的是第几张图片，还可以通过单击指示按钮，切换指定的图片。

第一步　**添加指示按钮区域的盒子**

　　为了防止添加代码位置发生错误，在 VS Code 编辑器中可以先把轮播图片的这段代码块折叠起来，然后在折叠起来的轮播图片的 <div> 标签下方，继续添加指示按钮的 <div> 标签：

```
<!-- 指示按钮 -->
<div class="carousel-indicators">
</div>
```

第二步 **添加指示按钮**

紧接着，我们根据轮播图片的数量添加对应数量的按钮，例如有三张图片需要进行轮播，那么在指示按钮的 <div> 标签里添加三个按钮。代码如下：

```
<!-- 指示按钮 -->
<div class="carousel-indicators">
<button type="button" data-bs-target="#lunbo" data-bs-slide-
to="0" class="active"></button>
<button type="button" data-bs-target="#lunbo" data-bs-slide-
to="1"></button>
<button type="button" data-bs-target="#lunbo" data-bs-slide-
to="2"></button>
</div>
```

HTML5 知识

data-bs-target：通过 id 将每个按钮与轮播图进行绑定，"lunbo"是轮播图模块大盒子的 id，需要保持一致。

data-bs-slide-to：该按钮对应要切换的图片，图片索引从 0 开始计数，例如，data-bs-slide-to="2"，单击该索引对应的按钮，将会切换到第三张图片。

样式说明

active：按钮高亮显示，如图 4-33 所示。默认首先显示第一张图，因此第一个按钮也是默认处于激活状态，按钮与对应显示的图片保持一致。

图 4-33 轮播图添加指示按钮

4.4.3 左右切换按钮

完成添加指示按钮后，接下来需要添加左右切换按钮，在单击左右切换按钮时，可以像翻阅相册一样，实现前一张或者后一张来回切换的效果。

第一步 添加两个按钮

继续使用前面介绍的方法，对已添加的指示按钮的代码块进行折叠，然后在指示按钮的 <div> 标签代码下方添加左右切换的两个按钮，代码如下：

```
<!-- 左右切换按钮 -->
<button type="button">
前一张
</button>
<button type="button">
后一张
</button>
```

保存代码后浏览，我们可以看到这两个按钮显示在轮播图片的左下方，此时单击这些按钮没有任何效果。

第二步 实现控制图片切换

给按钮添加"data-bs-target"和"data-bs-slide"属性，实现控制轮播图片切换。

```
<!-- 左右切换按钮 -->
<button type="button" data-bs-target="#lunbo" data-bs-slide="prev">
前一张
</button>
<button type="button" data-bs-target="#lunbo" data-bs-slide="next">
后一张
</button>
```

说明

上述代码中 data-bs-target 的值是轮播图 div 的 id 值，data-bs-slide 的值"prev"是前一张，"next"是后一张。

效果如图 4-34 所示，单击这两个按钮，图片将会实现切换前一张或后一张的效果。

图 4-34 添加左右切换按钮

HTML5 知识

data-bs-target：通过 id 与轮播图绑定（"lunbo"是轮播图模块盒子的 id）。

data-bs-slide：实现图片的切换，"prev"会切换到前一张，"next"会切换到后一张。

第三步 为按钮添加样式

现在为两个按钮添加样式，以改变按钮的位置和外观，让两个按钮浮在图片之上，一个在左侧，一个在右侧。

```
<!-- 左右切换按钮 -->
<button type="button" data-bs-target="#lunbo" data-bs-slide=
"prev" class="carousel-control-prev">
前一张
</button>
<button type="button" data-bs-target="#lunbo" data-bs-slide=
"next" class="carousel-control-next">
后一张
</button>
```

样式说明

carousel-control-prev：添加左侧的按钮，单击会切换到前一张。

carousel-control-next：添加右侧的按钮，单击会切换到后一张。

添加样式之后，效果如图 4-35 所示。

图 4-35　改变左右切换按钮样式

第四步　将按钮上面的文字换成图标

此时页面已经完成图片轮播的效果，为了让页面更加简洁美观，接下来我们使用图标来替换按钮上的文字，将文字"前一张"与"后一张"用如下代码替换：

```
<!-- 左右切换按钮 -->
<button type="button" data-bs-target="#lunbo" data-bs-slide="prev"
class="carousel-control-prev">
    <span class="carousel-control-prev-icon"></span>
    </button>
    <button type="button" data-bs-target="#lunbo" data-bs-slide="next"
class="carousel-control-next">
    <span class="carousel-control-next-icon"></span>
    </button>
```

说 明

上述代码中，加黄色底纹的两行分别用 <span> 标签添加样式替换我们之前按钮上的文字"前一张"和"后一张"。

在前面提到过，按钮上要显示的内容放在 <button> 标签内部，内容可以是文字，也可以是图片，这里 <span> 标签放的是什么呢？

HTML5 知识

<span> 标签：没有固定的格式表现，只有对它应用样式时，它才会产生视觉上的变化。

例如：在按钮上放置 <span></span> 是没有任何显示的，如图 4-36 所示。

图 4-36　没有应用样式的按钮

对它应用样式，比如 class="carousel-control-prev-icon"，按钮上就会出现一个图标，如图 4-37 所示。

图 4-37　应用样式后的按钮

样式说明

carousel-control-prev-icon：为 span 区域设置一个指向左侧方向的图标。

carousel-control-next-icon：为 span 区域设置一个指向右侧方向的图标。

上面样式所显示的图标都是 Bootstrap 自带的，意味着在任何位置使用这个样式，都会显示这个图标。

至此，我们的轮播图模块完成，保存代码后在计算机浏览器中预览，效果如图 4-38 所示。

图 4-38　用图标替换左右切换按钮

想一想：如果要在每张图片上加上标题和描述文字，该怎么办呢？如图 4-39 所示。

图 4-39　为图片添加标题和描述文字

4.4.4 添加图片信息

每张图片都在自己对应的盒子（div）里，可以在图片的盒子中再加入一个小盒子（div），这个小盒子用来放标题和描述内容。

回到轮播的图片代码部分，找到第一张图片的 <img> 标签，在图片标签下方添加代码：

```html
<!-- 轮播的图片 -->
<div class="carousel-inner">
    <div class="carousel-item active">
        <img src="./img/a.jpg" alt=" 第一张图 " width="100%">
        <div class="carousel-caption">
            <h3> 第一张图片的标题 </h3>
            <p> 第一张图片的描述信息 </p>
        </div>
    </div>
    ......
```

HTML5 知识

h3：标题是通过 <h1> ~ <h6> 标签进行定义的，h 后数字越大，标题越小。<h1> 是最大的标题，<h6> 则是最小的标题。

p：表示一个段落。

样式说明

Carousel-caption：设置每张图片的标题与描述信息，默认显示在图片的中下位置。

接下来，自己动手试一试吧，为每张图都配上合适的标题和文字，你也可以尝试使用不同大小的标题。

4.5 校园要闻

新闻通知是一个信息网站不可缺少的重要模块，多个新闻标题可以使用列表的方式排列显示，重要事件还可以使用焦点图片来突出显示，如图 4-40 所示。

图 4-40　"校园要闻"版块效果

用与前面同样的方法步骤，我们对这个模块展示的内容进行结构拆分，构建出它的框架草图，如图 4-41 所示。

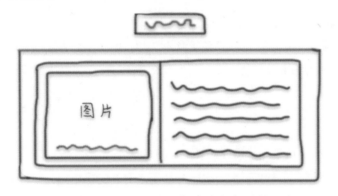

图 4-41　"校园要闻"版块框架结构

最顶端是模块的标题部分，下面是一个大盒子，里面是该模块所有要展示的内容。我们将这个盒子分成了左右两个小盒子，左边的小盒子放图片，右边的小盒子放新闻题目的列表。

通过 div 为每个模块创建一个盒子，把里面的元素都放在这个盒子里，这样的好处就是每个模块都可以看作一个单独的整体，方便整体代码的移动（复制 / 粘贴），像积木块一样，可以随意组合布局。

4.5.1　搭建框架

将"校园要闻"版块的框架结构转换成对应的标签，搭建出版块的框架。

第一步 为模块添加一个标题

使用 <h2> 标签为模块添加一个二级标题，让访客更清楚这个模块的主题是什么。按照从上到下的顺序，这个标题就放在轮播图模块的下方，位置如图 4-42 所示。

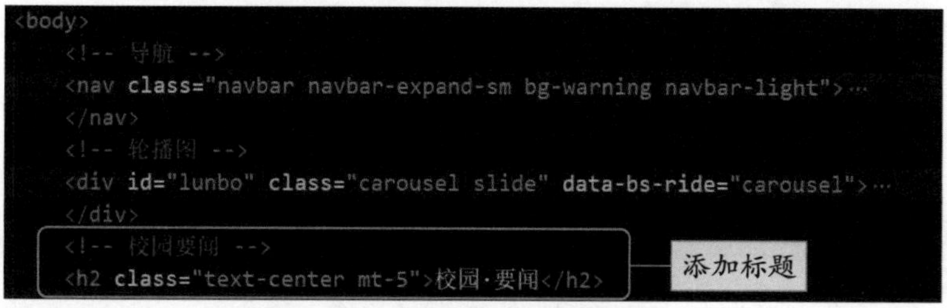

```
<body>
    <!-- 导航 -->
    <nav class="navbar navbar-expand-sm bg-warning navbar-light">…
    </nav>
    <!-- 轮播图 -->
    <div id="lunbo" class="carousel slide" data-bs-ride="carousel">…
    </div>
    <!-- 校园要闻 -->
    <h2 class="text-center mt-5">校园·要闻</h2>          ←──── 添加标题
```

图 4-42　添加新闻版块标题

代码如下：

```
<!-- 校园要闻 -->
<h2 class="text-center mt-5">校园·要闻</h2>
```

样式说明

text-center：让文字居中显示。

mt-5：产生上边距，大小为 5。

第二步 创建校园要闻模块大盒子

在 <h2> 标题下方使用 <div> 标签创建校园要闻模块的大盒子，代码如下：

```
<!-- 校园要闻 -->
<h2 class="text-center mt-5">校园·要闻</h2>
<div class="container mt-5">
</div>
```

样式说明

container：用于固定 div 盒子的宽度。当遇到大屏幕时，它不会占据整个屏幕，左右会留有间距，如图 4-43 所示。

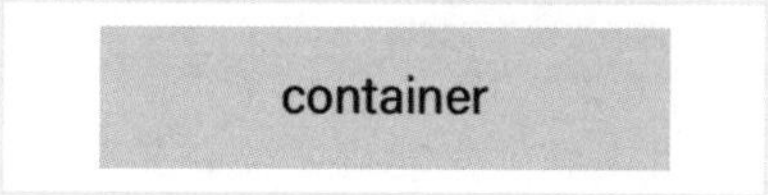

container

图 4-43　container 固定宽度显示

提示

container-fluid：盒子的宽度为 100%。不管多大的屏幕，它都占据全部宽度，如图 4-44 所示。

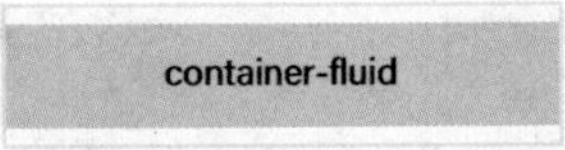

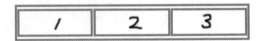

图 4-44　container-fluid 占据全屏显示

第三步　创建智能盒子

什么是智能盒子？专业术语称之为响应式网格系统。这里称之为智能盒子，是因为这个盒子会根据屏幕的大小自动改变排列。举个例子：当屏幕足够大的时候，智能盒子里的小盒子可以横向并排摆放，如图 4-45 所示。

图 4-45　宽屏（智能盒子横向排列）

如果空间比较狭窄，那么这个智能盒子里的小盒子会自动地垂直排列，如图 4-46 所示。

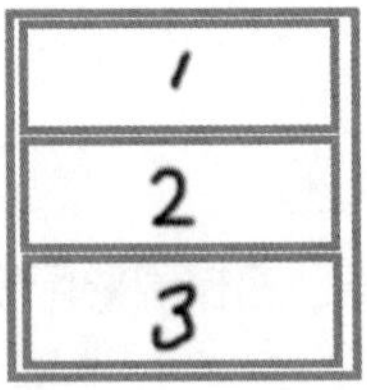

图 4-46　窄屏（智能盒子垂直排列）

智能盒子一行最多可以放下 12 个大小一致的小盒子，这 12 个小盒子相邻的还可以进行合并，变为一个较大的盒子，如图 4-47 所示。

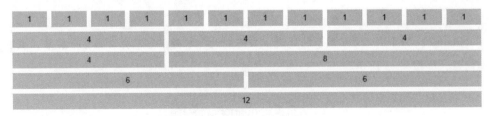

图 4-47　智能盒子组合排列

使用 <div> 标签创建盒子，添加样式 class="row" 让这个盒子变为智能盒子，在这个智能盒子里加入两个小盒子并使其左右均分，各占 6 份（一行 12 份），效果如图 4-47 第 4

行所示，代码如下：

```
<!-- 校园要闻 -->
<h2 class="text-center mt-5"> 校园·要闻 </h2>
<div class="container">
    <div class="row">
        <div class="col-xl-6">
        </div>
        <div class="col-xl-6">
        </div>
    </div>
</div>
```

完成上面的代码后，校园要闻的框架便搭建完成。

样式说明

row：创建智能盒子，作为一行。

col-xl-：指特大桌面显示器。还可以是 col-、col-sm-、col-md-、col-lg-、col-xxl-，分别对应不同大小的显示设备，可参考图 4-48。当样式指定了显示设备，如果用户的显示器大于或等于我们指定的设备宽度，智能盒子就会显示一行，如果用户的显示器小于指定设备的宽度，那么智能盒子就会垂直排列。

	超小设备 <576px	平板 ≥576px	桌面显示器 ≥768px	大桌面显示器 ≥992px	特大桌面显示器 ≥1200px	超大桌面显示器 ≥1400px
智能盒子最大宽度	None (auto)	540px	720px	960px	1140px	1320px
样式名前缀	col-	col-sm-	col-md-	col-lg-	col-xl-	col-xxl-
列数量和	12					

图 4-48　不同大小的显示设备对应样式前缀

左右盒子大小一样

```
<div class="row">
    <div class="col-xl-6">
    </div>
    <div class="col-xl-6">
    </div>
</div>
```

"col-xl-6"，数字6代表小盒子占一行的6份（一行总共12份），"col-xl-"表明指定为特大桌面显示器（结合图4-48，显示器大于或等于1200px的时候），智能盒子显示为一行，左侧占6份，右侧占6份，如果小于1200px就垂直排列，小盒子各占一行，如图4-49所示。

图 4-49　不同尺寸设备上显示效果

左右盒子大小不一样的例子

```
div class="row">
    <div class="col-lg-5">
    </div>
    <div class="col-lg-7">
    </div>
</div>
```

"col-lg-"，指定为大桌面显示器（结合图4-48，显示器大于或等于992px的时候），智能盒子显示为一行，左侧占5份，右侧占7份，如果小于992px就垂直排列，小盒子各占一行，如图4-50所示。

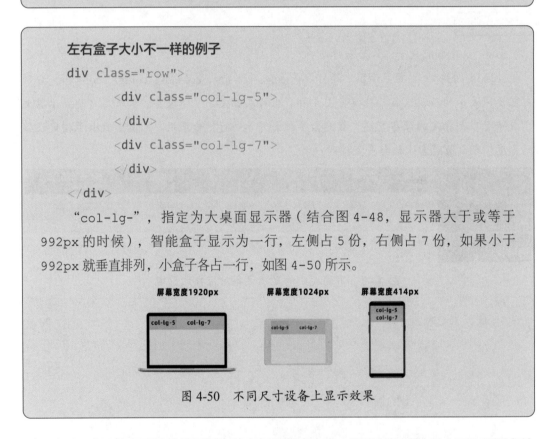

图 4-50　不同尺寸设备上显示效果

此时，由于校园要闻模块里没有填充任何元素内容，所以看不到效果。下面需要在这些盒子里放上图片和新闻标题，把它显示出来。

4.5.2 填充内容

前面在智能盒子里放了两个小盒子，在计算机大屏幕上是左右排列的，接下来要把图片和标题分别放入左右两个盒子里。

第一步 **填充左侧盒子**

在左侧盒子放入图片和一个标题作为焦点新闻，代码如下：

```
<div class="row">
    <div class="col-xl-6">
        <img src="./img/anquan.jpg" alt="校园安全" class="rounded"
width="100%">
        <h4 class="text-center bg-light py-2">我校成功举办第四届
校园安全知识竞赛</h4>
    </div>
    <div class="col-xl-6">
    </div>
</div>
```

样式说明

rounded：将图片的四个直角变为圆角效果，有多种样式可选，如图4-51所示。

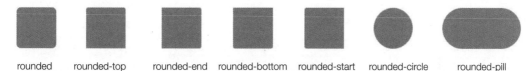

| rounded | rounded-top | rounded-end | rounded-bottom | rounded-start | rounded-circle | rounded-pill |

图 4-51　图片圆角样式

text-center：文字居中对齐。

bg-light：浅色的背景颜色。

py-2：标签容器内部上下同时产生边距，大小为2，如图4-52所示。

图 4-52　设置内部上下边距

提示

pt-*/pb-*/ps-*/pe-*：上边距 / 下边距 / 左边距 / 右边距（* 为数字）。

px-*：左右同时产生边距（* 为数字）。

py-*：上下同时产生边距（*为数字）。

p-* 上下左右同时产生边距（*为数字）。

m 和 p 都可以产生边距，它们的区别在哪？简单地说，p 是所在标签内部的边距，m 是外部的边距，py-2 与 my-2 区别如图 4-53 所示。

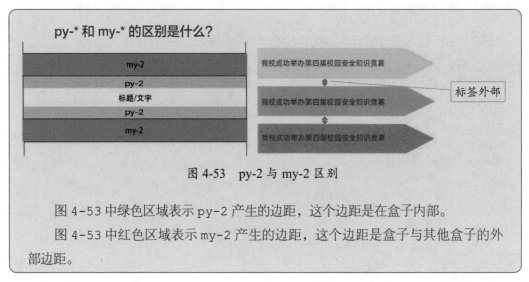

图 4-53　py-2 与 my-2 区别

图 4-53 中绿色区域表示 py-2 产生的边距，这个边距是在盒子内部。

图 4-53 中红色区域表示 my-2 产生的边距，这个边距是盒子与其他盒子的外部边距。

第二步　添加新闻列表

右侧盒子放入多个新闻标题，在智能盒子的第二个 <div> 标签中添加如下代码：

```
<div class="row">
    <div class="col-xl-6">
        <img src="./img/anquan.jpg" alt="校园安全"
class="rounded" width="100%">
        <h4 class="text-center bg-light py-2">我校成功举办第四届
校园安全知识竞赛</h4>
    </div>
    <div class="col-xl-6">
        <h5 class="p-2 mb-4 border-bottom">做好校园防疫，为正常
教学做好准备</h5>
        <h5 class="p-2 mb-4 border-bottom">科技赋能发挥智治支撑，
多措并举守住校园安全</h5>
        <h5 class="p-2 mb-4 border-bottom">故事有多丰富，校园就
有多美好</h5>
        <h5 class="p-2 mb-4 border-bottom">"为母校写校牌"是学生
```

```
珍视一生的校园记忆 </h5>
            <h5 class="p-2 mb-4 border-bottom"> 做好校园防疫，为正常
教学做好准备 </h5>
            <h5 class="p-2 mb-4 border-bottom"> 科技赋能发挥智治支撑，
多措并举守住校园安全 </h5>
            <h5 class="p-2 mb-4 border-bottom"> 故事有多丰富，校园就
有多美好 </h5>
            <h5 class="p-2 mb-4 border-bottom"> "为母校写校牌" 是学生
珍视一生的校园记忆 </h5>
        </div>
    </div>
```

样式说明

p-2：上下左右同时产生边距，大小为 2。

mb-4：标签产生下边距，大小为 4。

图 4-54 中绿色区域为 p-2 产生的内边距，而下方橙色区域为 mb-4 产生的外部下边距。

图 4-54　设置标题内边距和外部下边距

border-bottom：生成下边框线，可以根据需要显示的效果选择显示哪个方向的边框线，如图 4-55 所示。

| border | border-top | border-end | border-bottom | border-start |

图 4-55　边框样式

如果想设置所显示边框线的粗细，可以加上样式 "border-2"，改变数字大小来改变边框线的粗细。

完成上述两步操作，保存代码后切换到浏览器预览效果，如图 4-40 所示。

切换到手机预览，由于屏幕尺寸变小，智能盒子自动适应屏幕，由水平排列变为垂直排列，效果如图 4-56 所示。

图 4-56   手机预览效果

第三步 **添加超链接**

HTML 可以使用超链接与网络上的另一个文件相连。几乎在所有的网页中都可以找到超链接的身影。单击超链接可以从一个页面跳转到另一个页面。

在 HTML 中，可以为一个字、一个词，或者一句话，甚至是一幅图添加超链接，然后在单击这些内容后可以跳转到新的页面或者当前页面中的某个部分。当我们把鼠标指针移动到网页中的某个超链接上时，鼠标图标从箭头变为一只小手。

HTML 使用 <a> 标签来设置超链接，在标签中使用"href"属性来描述链接的目标，使用"target"属性可以定义被链接的文档在何处显示，"_blank"是在新的浏览器窗口打开。

例如：

```
<a href="http://www.kidscode.cn" target="_blank">少儿编程网</a>
```

在浏览器中单击"少儿编程网"，会在浏览器打开新的页面窗口并打开目标地址"http://www.kidscode.cn"这个网站。

了解 <a> 标签后，可以在代码中给任何图片或者文字加上超链接，比如给校园要闻左侧的图片和标题加上超链接，代码如下：

```
<div class="col-xl-6">
    <a href="http://www.moe.gov.cn/" target="_blank"><h4 class=
"text-center bg-light py-2">我校成功举办第四届校园安全知识竞赛</h4>
</a>
    </div>
```

添加完超链接之后，保存代码预览效果，发现左侧的新闻标题颜色变成了蓝色，如图 4-57 所示。鼠标移动到标题或者图片上就会变成小手，单击后会在新的窗口打开我们想要跳转的网址（如：http://www.moe.gov.cn/）。

图 4-57　添加超链接标题变色

4.6 视频播放

　　校园生活是纯真的，一颗颗跳动的心，一张张充满朝气的笑脸，编织着那曲动人的歌。

　　没有比视频更适合展示校园点点滴滴的了，以往大多数视频是通过浏览器插件（比如 Flash）来显示播放的。然而，现在很多浏览器不再支持这样的插件，下面来学习如何用 HTML5 代码在网页中插入一个视频文件，这个视频模块的效果如图 4-58 所示。

图 4-58 "校园生活"版块效果

分析一下这个模块的盒子结构，框架结构草图如图 4-59 所示。

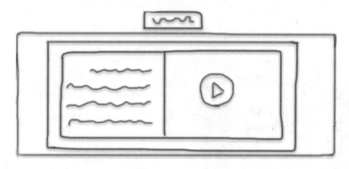

图 4-59 "校园生活"版块框架结构草图

上面小盒子放标题，下面的最外层盒子宽度占满屏幕宽度，用来为模块填充背景，内部与校园要闻的结构基本一致，一个固定宽度的大盒子，再添加一个智能盒子将模块区域左右均分，左侧放一些介绍文字，右侧放置视频。

4.6.1 搭建框架

将"校园生活"版块框架结构转换成对应的标签，搭建出版块的框架。

第一步 添加模块标题

与前面的操作相似，我们将校园要闻模块代码进行折叠，在"校园·要闻"模块代码下方添加新模块标题——"校园·生活"，标题结构和样式与"校园·要闻"相同，代码如下：

```
<!-- 校园·生活 -->
<h2 class="text-center mt-5">校园·生活 </h2>
```

第二步 创建背景盒子

紧接着在 <h2> 标题的下方使用 <div> 标签创建外层背景大盒子，并添加一个背景颜色，代码如下：

```
<!-- 校园·生活 -->
<h2 class="text-center mt-5"> 校园·生活 </h2>
<div class="bg-warning">

</div>
```

第三步　**创建一个固定宽度的盒子**

添加 <div> 标签盒子，设置样式 class="container" 来固定盒子宽度，这个盒子放在背景盒子里，代码如下：

```
<!-- 校园·生活 -->
<h2 class="text-center mt-5"> 校园·生活 </h2>
<div class="bg-warning">
    <div class="container">

    </div>
</div>
```

第四步　**创建智能盒子**

添加智能盒子，智能盒子是一行两列，左右均分，把这个智能盒子放在上一个大盒子的内部，代码如下：

```
<div class="bg-warning">
    <div class="container">
        <div class="row">
            <div class="col-xl-6">

            </div>
            <div class="col-xl-6">

            </div>
        </div>
    </div>
</div>
```

这样我们完成了三个盒子的创建，可以对照框架结构（如图 4-59 所示）来帮助理解，能够很清晰地看出盒子的层级结构，这就是需要先构思出草图的原因。

4.6.2　填充内容

接下来让我们在左侧的盒子中添加文字描述，然后在右侧的盒子里嵌入视频。

第一步　**添加文字简介**

在左侧的智能盒子里放入文字介绍，代码如下：

```
<div class="container">
    <div class="row">
        <div class="col-xl-6">
            <p>美好的不只是校园里的一草一木、一园一景，更在于与心灵、
情感、智慧、灵魂、意志等方面有关的点点滴滴里。有故事就有温度，如此校园才
是学生当下成长的乐园，才会成为毕业后人已散、情犹在的眷恋之处。</p>
            <p>当我们离开校园的那一刻，再让我们回首看我们走过的路，我
相信，我们有的是恋恋不舍的感情；有的是没有虚度年华的自豪；有的是对美好未
来的憧憬！我相信，那难忘的校园生活一定会成为我们最美好的回忆。</p>
        </div>
        <div class="col-xl-6">
        </div>
    </div>
</div>
```

HTML5 知识

<p> 标签：定义了 HTML 文档中的一个段落，因此可以看出左侧文字有两段。

第二步　**添加视频**

在右侧的智能盒子加入 <video> 标签来添加视频，代码如下：

```
<div class="container">
    <div class="row pt-5 pb-3">
        <div class="col-xl-6">
            <p class="pt-5"> 美好的不只是校园里的一草一木、一园一景，
更在于与心灵、情感、智慧、灵魂、意志等方面有关的点点滴滴里。有故事就有温度，
如此校园才是学生当下成长的乐园，才会成为毕业后人已散、情犹在的眷恋之处。
</p>
            <p> 当我们离开校园的那一刻，再让我们回首看我们走过的路，我
相信，我们有的是恋恋不舍的感情；有的是没有虚度年华的自豪；有的是对美好未
来的憧憬！我相信，那难忘的校园生活一定会成为我们最美好的回忆。</p>
        </div>
```

```
        <div class="col-xl-6">
            <video width="98%" height="" controls>
                <source src="./img/video.mp4" type="video/mp4">
                您的浏览器不支持 HTML5 video 标签
            </video>
        </div>
    </div>
</div>
```

HTML5 知识

<video> 标签：定义一个视频或者影片，该标签在旧式浏览器中无效，当浏览器不支持它时，会显示"您的浏览器不支持 HTML5 video 标签"。

width：视频显示的宽度，使用方法与图片的相同。

height：视频显示的高度。

controls：视频上显示播放控件，例如进度条、声音、播放、暂停等。

<source> 标签：定义视频资源。

src：引用的视频文件路径，使用相对路径。

type：引用的视频文件格式，常见的有 video/mp4、video/ogg 或 video/webm 格式。

完成上述两步之后，保存代码预览，效果如图 4-60 所示，发现依旧没有达到我们想要的效果。

图 4-60　添加文字和视频后预览

使用我们之前学习的知识，添加样式让标题、文字、视频都与边框产生一定的距离，代码如下：

```
<!-- 校园·生活 -->
<h2 class="text-center mt-5"> 校园·生活 </h2>
<div class="bg-warning mt-5">
    <div class="container">
        <div class="row pt-5 pb-3">
            <div class="col-xl-6">
```

```
           <p class="pt-5">美好的不只是校园里的一草一木、一园
一景，更在于与心灵、情感、智慧、灵魂、意志等方面有关的点点滴滴里。有故事
就有温度，如此校园才是学生当下成长的乐园，才会成为毕业后人已散、情犹在的
眷恋之处。</p>
           <p>当我们离开校园的那一刻，再让我们回首看我们走过的路，
我相信，我们有的是恋恋不舍的感情；有的是没有虚度年华的自豪；有的是对美好
未来的憧憬！我相信，那难忘的校园生活一定会成为我们最美好的回忆。</p>
           </div>
           <div class="col-xl-6">
             <video width="98%" height="" controls>
                      <source src="./img/video.mp4"
type="video/mp4">
             您的浏览器不支持 HTML5 video 标签
             </video>
           </div>
        </div>
      </div>
   </div>
```

说明

上述代码第 3 行中的"mt-5"指设置模块主体与标题的距离，第 5 行中的"pt-5 pb-3"指设置内部上下边距，第 7 行中的"class="pt-5""指增加第一段的上边距。

再次将代码进行保存，在浏览器中进行预览，效果如图 4-61 所示。

图 4-61　添加样式优化布局

虽然修改后效果好了很多，但是背景形状、文字的字体、颜色、大小等都不是预想的效果，怎么办呢？

凭我们的经验，会想到继续添加样式进行美化，但是 Bootstrap 里已经找不到合适的样式可用，那该怎么办？只能为它们设计 CSS 样式了。

4.6.3　自定义 CSS 样式

Bootstrap 为我们提供了丰富的样式库，通常情况下我们只用填入样式名称就可以达到预期效果，比如设置颜色、边距、边框等。但在特殊的情况下，Bootstrap 提供的样式无法满足需求，那就需要自己去创建样式，下面学习如何通过自定义样式来设置文字的字体大小、颜色、行距等。

第一步 新建一个样式文件

在 VS Code 编辑器的资源管理器中找到"css"文件夹，单击将其选中，如图 4-62 所示。

图 4-62　选中"css"文件夹

单击"新建文件"按钮，然后在新创建的文件上输入文件名称"school.css"，如图 4-63 所示。

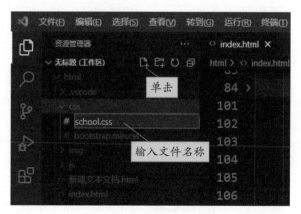

图 4-63　新建 css 文件

按"Enter"键完成创建文件，VS Code 编辑器会自动打开该文件。

第二步　定义样式

如果想要在 HTML 标签中通过 "class= 样式名称" 的方式设置样式，那么需要按照 CSS 样式规定的格式来定义自己的样式，格式如下：

```
.样式名称 {
    属性：值；
    属性：值；
}
```

样式名称前的 "." 号是必须有的，".样式名称" 称为类选择器（每个标签可以通过 "class= 样式名称" 来设置此样式）。

定义的样式以一对大括号括起来，一个属性和一个值组成一条样式声明，属性和值被冒号分隔开，并以分号作为结束，为了让 CSS 脚本可读性更强，建议每行只描述一个属性。

第三步　定义一个名称为 life 的类选择器

在 VS Code 编辑器打开的 "school.css" 文件中输入如下内容（以下属性和值在 VS Code 中都可以高效自动补全生成）并保存：

```css
/* 校园生活文字样式 */
.life{
    /* 字体大小 */
    font-size: 18px;
    /* 字体 */
    font-family: 'Segoe UI', Tahoma, Geneva, Verdana, sans-serif;
    /* 行高 */
    line-height: 2;
    /* 颜色 */
    color: rgb(250, 252, 253);
}
```

CSS 文件中的注释是以 /* 开始，以 */ 结束。

关于 CSS 样式的基本属性列表，可以参考本书配套资源文件 "CSS 基本属性 .pdf"。

上面代码输入完成后进行保存，这样一个自定义的样式就创建完成了。那么，怎么将它用到我们的网页中呢？

第四步 引入样式文件

在 VS Code 编辑器中打开"index.html"文件，在 <head> 头部标签中引入自定义样式
"school.css"。

```
<head>
        <meta name='viewport' content='width=device-width,
initial-scale=1'>
        <title>Document</title>
        <link rel="stylesheet" href="./css/bootstrap.min.css">
        <link rel="stylesheet" href="./css/school.css">
        <script src="./js/bootstrap.min.js"></script>
        <script src="./js/popper.min.js"></script>
</head>
```

说明

上述代码中加黄色底纹部分为引入自定义样式文件的标签代码。

第五步 使用样式

在"index.html"文件中找到校园生活的第一个智能盒子，使用 class 属性给 <p> 标签
添加我们自定义的样式。

```
<div class="col-xl-6">
        <p class="pt-5 life">美好的不只是校园里的一草一木、一园一景，
更在于与心灵、情感、智慧、灵魂、意志等方面有关的点点滴滴里。有故事就有温度，
如此校园才是学生当下成长的乐园，才会成为毕业后人已散、情犹在的眷恋之处。
</p>
        <p class="life">当我们离开校园的那一刻，再让我们回首看我们走过
的路，我相信，我们有的是恋恋不舍的感情；有的是没有虚度年华的自豪；有的是对
美好未来的憧憬！我相信，那难忘的校园生活一定会成为我们最美好的回忆。</p>
        </div>
```

说明

上述代码中，中间两段添加了样式名"life"，这个就是我们自定义的样式。

在加上我们自定义的样式之后，保存代码，并在浏览器中预览，如果这两段文字的
颜色、行距、字体等都发生了改变，说明我们定义的样式文件已经生效。如果你还想做一
些更改，只需要编辑样式文件中对应的样式，然后保存修改即可。添加自定义样式前后的

对比效果如图 4-64 和图 4-65 所示。

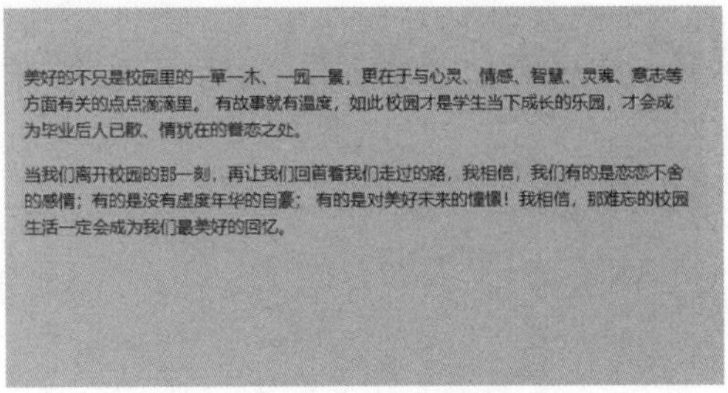

图 4-64　添加自定义样式之前

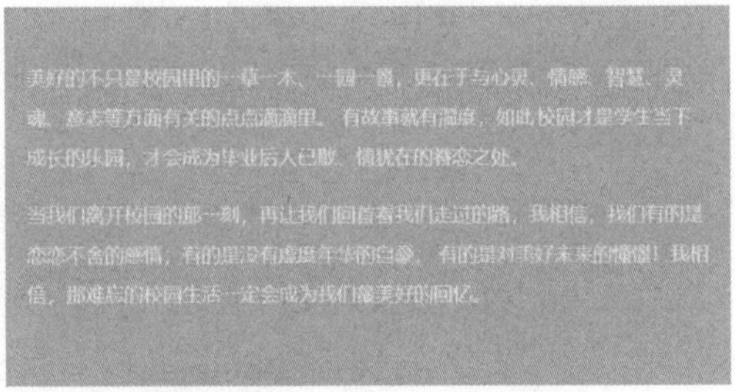

图 4-65　添加自定义样式之后

4.6.4　裁剪出梯形背景

网页设计多以矩形分布，而平面媒体的设计则倾向于图形的多元化，像校园生活设计稿的背景为一个梯形。CSS 样式中的 clip-path 属性可以帮助我们绘制很多不规则的图形，如图 4-66 所示。

图 4-66　各种不规则的图形

clip-path: polygon：用于定义一个多边形，也可以用来剪裁图形，语法如下：

```
clip-path: polygon(< 距离左上角的 X 轴长度　距离左上角的 Y 轴长度 >,
< 距离左上角的 X 轴长度　距离左上角 Y 轴的长度 >,< 距离左上角的 X 轴长度　距
离左上角的 Y 轴长度 >……)
```

每一个坐标 "< 距离左上角的 X 轴长度　距离左上角的 Y 轴长度 >"代表多边形的一个顶点坐标，可以使用具体数值或百分比单位值，坐标使用逗号来进行分隔，按照顺时针或逆时针的顺序排列，个数不限。浏览器会将第一个顶点和最后一个顶点进行连接，得到一个封闭的多边形。

以三角形为例：

clip-path: polygon(50% 0,100% 100% , 0 100%)

其具体数值含义如图 4-67 所示。

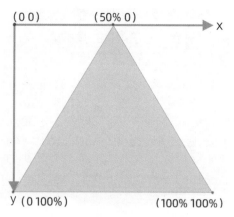

图 4-67 三角形各顶点坐标

➤ 左上角为坐标原点（0 0）：这里的直角坐标系 y 轴向下越来越大。

➤ 三角形顶点（50% 0）：x 坐标数值为 50% 宽度，即 x 轴长度的一半，这里 x 轴长度为盒子的宽度；y 坐标是 0。

➤ 第二个顶点（100% 100%）：按照顺时针方向，下一个顶点是（100% 100%）。x 坐标数值为 100% 宽度，即 x 轴的长度；y 坐标数值为 100% 高度，即 y 轴的长度，这里 y 轴长度为盒子的高度。

➤ 第三个顶点（0 100%）：x 坐标为 0，y 坐标数值为 100% 高度。

最后 CSS 样式会把三个顶点连接起来，就构成了如图 4-67 所示的三角形。

按照上面这个方法，可以画出校园生活模块的梯形背景，四个点的坐标如图 4-68 所示。

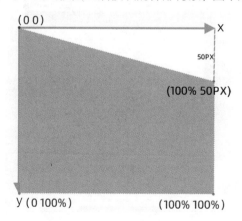

图 4-68 梯形四个点坐标

注意：使用 clip-path 通常要从同一个方向绘制每个点，如果顺时针绘制则一律以顺时针顺序添加顶点，如果逆时针绘制则一律以逆时针顺序添加顶点，因为 polygon 是一个连续线段，若线段彼此有交集，裁剪区域会有相减的情况发生。

在 VS Code 编辑器中，打开我们自己创建的样式文件 school.css，在原有的样式下方添加自定义梯形背景的样式，样式代码如下：

```
/* 校园生活模块梯形背景 */
.video-bg{
    /* 裁剪梯形 */
    clip-path: polygon(0 0,100% 50px,100% 100%,0 100%);
    /* 背景颜色 */
    background-color: rgb(221, 103, 19);
}
```

回到"index.html"文件中，我们已经引入了样式文件"school.css"，可以给 <div>标签直接使用自定义的样式，找到校园生活最外层的盒子，删除之前的背景样式"bg-warning"，添加自定义的样式"video-bg"：

```
<!-- 校园·生活 -->
<h2 class="text-center mt-5">校园·生活</h2>
<div class="bg-warning mt-5 video-bg">
```

> **说明**
>
> 在上述代码第 3 行中，先删除之前的样式名称"bg-warning"，再添加新的样式名称"video-bg"，样式名称之间用空格隔开。

添加完自定义样式后，最终效果如图 4-58 所示。如果你的样式没有生效，注意检查：

❶ 样式文件是否保存；

❷ 引用的样式名称是否对应一致；

❸ 是否删除了样式"bg-warning"。

4.7 照片图集

如何在网页页面上简洁美观地展示一组照片呢？这一节我们将学习如何创建一个图集模块，实现的效果如图 4-69 所示。

图 4-69 "合作交流"版块效果

我们先来分析一下这个模块的盒子结构，如图 4-70 所示。

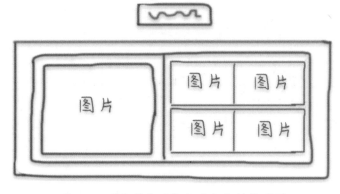

图 4-70 "合作交流"版块框架结构草图

最上面的小盒子放标题，下面盒子的最外层是一个固定宽度的大盒子，里面放入一个智能盒子，左右均分，这样就分成了左右两部分，左边放入 1 张大的图片，右侧是 4 张小图，右侧 4 张小图仍旧使用智能盒子，按照 2 行 2 列的方式均分排列。

4.7.1 搭建框架

将"合作交流"版块框架结构转换成对应的标签，搭建框架。折叠"校园生活"模块代码后，在"校园生活"模块下方继续添加新模块代码。

第一步 添加标题

```
<!-- 合作·交流 -->
<h2 class="text-center mt-5">合作·交流 </h2>
```

第二步 创建外层盒子

在标题代码的下方创建图集模块盒子，使用"container"样式固定宽度。

```
<!-- 合作·交流 -->
<h2 class="text-center mt-5"> 合作·交流 </h2>
<div class="container mt-5">
</div>
```

第三步 添加智能盒子

在大盒子内添加一个智能盒子，左右均分。

```
<!-- 合作·交流 -->
<h2 class="text-center mt-5"> 合作·交流 </h2>
<div class="container mt-5">
    <div class="row">
        <div class="col-xl-6">
            图1
        </div>
        <div class="col-xl-6">
        </div>
    </div>
</div>
```

后面会在左侧盒子放入1张大图，这里暂时先用文字"图1"作为标记。

第四步 在右侧智能盒子中再放入四个智能盒子

智能盒子是可以嵌套的，一个大的智能盒子里可以装若干个小盒子，小盒子只要使用了样式 class="row" 声明为智能盒子，也可以分为12等份。

```
<!-- 合作·交流 -->
<h2 class="text-center mt-5"> 合作·交流 </h2>
<div class="container mt-5">
    <div class="row">
        <div class="col-xl-6">
            图1
        </div>
        <div class="col-xl-6">
            <!-- 第一行 -->
            <div class="row">
```

```
                    <div class="col-6">
                        图2
                    </div>
                    <div class="col-6">
                        图3
                    </div>
                </div>
                <!-- 第二行 -->
                <div class="row">
                    <div class="col-6">
                        图4
                    </div>
                    <div class="col-6">
                        图5
                    </div>
                </div>
            </div>
        </div>
    </div>
```

将右侧盒子按两行两列分为四个小盒子，分别放入四张图片，这里暂时也用文字进行标记，如图 4-71 所示，这样图集框架就搭建完成了。

图 4-71　预览框架效果

样式说明

col-6：针对所有设备（计算机或者手机），都将占据一行的二分之一宽度，始终水平排列；与"col-xl-6"的区别在于，"col-xl-6"遇到屏幕宽度小于1200px 就会垂直排列，独占一行。图 4-72 是手机预览效果，图2、图3和图4、图5不管是在计算机还是在手机上，都是左右排列，不会改为上下垂直排列。

图 4-72　手机预览效果

4.7.2 填充图片

使用 <img> 标签将 4.71 节中做出的文字标记 "图 1" ~ "图 5" 替换为对应的图片，
代码如下：

```
    <div class="row">
        <div class="col-xl-6">
            <img src="./img/jiaoliu1.jpg" alt=" 合作交流 "
class="rounded" width="100%">
        </div>
        <div class="col-xl-6">
            <!-- 第一行 -->
            <div class="row">
                <div class="col-6">
                    <img src="./img/jiaoliu2.jpg" alt=" 合作交流 "
class="rounded" width="100%">
                </div>
                <div class="col-6">
                    <img src="./img/jiaoliu3.jpg" alt=" 合作交流 "
class="rounded" width="100%">
                </div>
            </div>
            <!-- 第二行 -->
            <div class="row">
                <div class="col-6">
                    <img src="./img/jiaoliu4.jpg" alt=" 合作交流
" class="rounded" width="100%">
                </div>
                <div class="col-6">
                    <img src="./img/jiaoliu5.jpg" alt=" 合作交流 "
class="rounded" width="100%">
                </div>
            </div>
        </div>
    </div>
```

替换完毕后保存代码，再在浏览器中预览效果，如图 4-73 所示。

图 4-73 将文字替换为图片后的效果

由于各自图片的高度互不相同，过高的图片会将盒子高度撑开，这样左侧的图片就比右侧部分高出很多，破坏了整个布局，那该怎么办呢？

第一种方法是为图片设置高度，将左侧图的高度设置为 400px，代码如下：

```
<img src="./img/jiaoliu1.jpg" alt=" 合作交流 " class="rounded"
width="100%" height="400px">
```

这样会有什么样的效果呢？保存代码后，在浏览器中进行预览，效果如图 4-74 所示。

图 4-74 设置图片高度，图片变形

为图片设置高度后，虽然左边的图片高度基本与右侧对齐，但是会发现图片被压扁，发生了变形，因此这种方法并不适合在这里使用，第 4.7.3 节将为大家介绍第二种方法——图片溢出隐藏。

4.7.3 图片溢出隐藏

什么是图片溢出隐藏？

给图片设置一个显示的区域，可以按照自己的想法设置这个区域的宽度和高度，如果图片的宽高超过这个范围，那么超出的部分将会被隐藏。这样做的好处是可以在网页中放入各种不同尺寸的图片，并且图片在页面里的显示都不会发生变形，如图 4-75 所示。

图 4-75　溢出隐藏

图中红色边框内为显示区域，由控制图片所在的盒子来实现它，下方超出的部分会被隐藏。将图片的溢出部分进行隐藏的实现方法如下。

第一步　添加自定义样式

在 VS Code 编辑器中打开样式文件 "school.css"，在已有的样式下方添加新的样式，由于左侧的图片盒子比较大，右侧图片盒子较小，所以定义两个不同的盒子样式。

对于左侧大图的盒子样式，高度设置为 400px，溢出隐藏的代码如下：

```
.big-pic{
    height: 400px;
    overflow: hidden;
}
```

对于右侧小图的盒子样式，将上下图片间距 10px 考虑在内，因此高度设置为 195px，溢出隐藏的代码如下：

```
.small-pic{
    height: 195px;
    overflow: hidden;
}
```

overflow：用于控制内容溢出显示的方式，不同值对应的显示方式如表4-2所示。

表4-2　控制内容溢出显示的方式

值	描述
visible	默认值。内容不会被修剪，会呈现在元素框之外
hidden	内容会被修剪，并且其余内容是不可见的
scroll	内容会被修剪，但是浏览器会显示滚动条以便查看其余的内容
auto	如果内容被修剪，则浏览器会显示滚动条以便查看其余的内容
inherit	规定应该从父元素继承 overflow 属性的值

注意：overflow 属性只工作于有指定高度的块元素上。

第二步　为图片所在的盒子添加样式

第一步为左右两侧的图片分别设置了盒子样式，接下来为右侧的图片所在的盒子设置样式，代码如下：

```
    <div class="row">
        <div class="col-xl-6 big-pic">
            <img src="./img/jiaoliu1.jpg" alt=" 合作交流 " class="rounded"
width="100%">
        </div>
        <div class="col-xl-6">
            <!-- 第一行 -->
            <div class="row">
                <div class="col-6 small-pic">
                    <img src="./img/jiaoliu2.jpg" alt=" 合作交流 "
class="rounded" width="100%">
                </div>
                <div class="col-6 small-pic">
                    <img src="./img/jiaoliu3.jpg" alt=" 合作交流 "
class="rounded" width="100%">
                </div>
            </div>
            <!-- 第二行 -->
            <div class="row mt-2">
                <div class="col-6 small-pic">
```

```
                        <img src="./img/jiaoliu4.jpg" alt=" 合作交流 "
class="rounded" width="100%">
                    </div>
                    <div class="col-6 small-pic">
                        <img src="./img/jiaoliu5.jpg" alt=" 合作交流 "
class="rounded" width="100%">
                    </div>
                </div>
            </div>
        </div>
```

说明

上述代码中加黄色底纹部分的 "mt-2" 指设置第二行图片的上边距，否则上下两行图片会贴在一起，没有间距。

保存代码，在浏览器中进行预览，效果如图 4-69 所示。

这样进行设置之后，我们可以随便替换这 5 张图片，不用担心图片尺寸会影响到页面布局啦。

4.8 表单

"联系我们" 版块用于与用户建立联系，那么，在网页中如何收集用户输入的信息？例如用户输入用户名和密码实现登录，完成调查表等，这些都需要用到 HTML 中的表单（用于收集用户的输入信息）。这一节学习如何使用表单提交数据，实现的效果如图 4-76 所示。

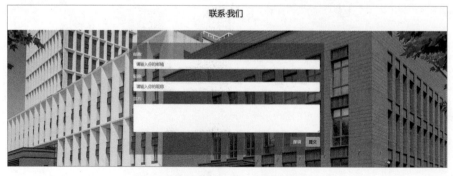

图 4-76 "联系我们" 版块效果图

分析这个模块的盒子结构，画出草图，如图 4-77 所示。

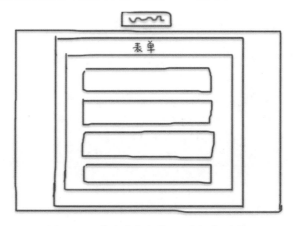

图 4-77 "联系我们"版块框架结构

这个模块结构分为两部分，上面是一个小盒子，用来放置模块标题，下面是一个大盒子，用来放置具体的信息。下面的最外层盒子宽度占满屏幕宽度，使用一张图片来填充背景，大盒子内再放一个盒子，这个盒子是用来固定宽度的，在这个盒子内部就是一个表单。

4.8.1 创建表单

在 VS Code 编辑器中打开"index.html"文件，根据分析的结构搭建整体框架，折叠"合作交流"模块代码后，在"合作交流"模块下方继续添加新模块"联系我们"。

第一步 添加模块标题

新模块的标题为"联系·我们"，将其添加到上面的小盒子中，代码如下：

```
<!-- 联系·我们 -->
<h2 class="text-center mt-5">联系·我们 </h2>
```

第二步 添加最外层大盒子

在盛放标题的小盒子下面再添加一个大盒子，以盛放具体信息，代码如下：

```
<!-- 联系·我们 -->
<h2 class="text-center mt-5">联系·我们 </h2>
<div class="mt-5 bg-warning">
</div>
```

使用样式"bg-warning"为模块添加一个黄色的背景，在 4.8.2 节中将使用图片来替换这个背景色。

第三步 **在大盒子内添加一个固定宽度的盒子**

在第二步创建的大盒子中再添加一个盒子，用来固定表单宽度，代码如下：

```html
<!-- 联系·我们 -->
<h2 class="text-center mt-5">联系·我们</h2>
<div class="mt-5 bg-warning">
    <div class="container py-5">
    </div>
</div>
```

第四步 **创建表单**

在第三步创建的盒子中添加表单，代码如下：

```html
<!-- 联系·我们 -->
<h2 class="text-center mt-5">联系·我们</h2>
<div class="mt-5 bg-warning">
    <div class="container py-5">
        <form action="http://www.kidscode.cn/Home/Page/testform" method="post" class="p-3 mx-auto">
        </form>
    </div>
</div>
```

HTML5 知识

<form> 标签：创建一个表单（收集用户输入的信息）。

<form> 主要属性如下。

　　name：表单的名称。

　　action：指当提交表单时向何处发送表单数据，值为网址 url。

action="http://www.kidscode.cn/Home/Page/testform"，表明表单将会把数据提交到 "http://www.kidscode.cn/Home/Page/testform" 这个网址。

　　method：规定用于发送表单数据的 HTTP 方法，常用的是 post。

样式说明

mx-auto：水平居中对齐。

第五步 **添加表单元素**

在使用 <form> 表单收集用户输入的数据时，需要给予一些提示性的标签文字，添加文本框让用户能够按照提示信息输入内容，有时还需要有选择框，让用户进行选择，还要有按钮能够让用户提交数据，这些都是表单元素。

"联系我们"的表单由三个输入框和两个按钮构成，提示性标签和对应的输入框作为一组元素，放入同一个盒子中，两个按钮也作为另一组放入另一个盒子中，代码如下：

```
    <form action="http://www.kidscode.cn/Home/Page/testform"
method="post" class="p-3 mx-auto">
        <div class="my-3">
            <label for="email" class="form-label text-white">邮箱:
</label>
            <input type="email" class="form-control" name="email"
id="email" placeholder=" 请输入您的邮箱 ">
        </div>
        <div class="my-3">
            <label for="nickname" class="form-label text-white">
昵称: </label>
            <input type="text" class="form-control" name="nickname"
id="nickname" placeholder=" 请输入您的昵称 ">
        </div>
        <div class="my-3">
            <label for="message" class="form-label text-white">
留言: </label>
            <textarea name="message" id="message" cols="" rows=
"4" class="form-control"></textarea>
        </div>
        <div class="my-3 text-end">
            <button type="reset" class="btn btn-secondary"> 重填 </button>
            <button type="submit" class="btn btn-warning"> 提交 </button>
        </div>
    </form>
```

说明

上述代码第一个 div 中是填写邮箱的文字标签和输入框，第二个 div 中是填写昵称的文字标签和输入框，第三个 div 中是填写留言的文字标签和多行文本输入区域，第四个 div 中是重填和提交按钮。

HTML5 知识

① <label> 标签：定义标注，一般为输入标题。

for 属性：将 <label> 标签与对应的输入框绑定，值为对应绑定输入框的 id，绑定之后单击这个 <label> 标签内容，如同单击了绑定的输入框一样，鼠标光标会自动移动到绑定的输入框中。

例如：单击标签"邮箱"，光标会自动移动到邮箱的输入框中。

② <input> 标签：输入框，用户可以在其中输入数据。<input> 标签没有结束标签。其主要属性如下。

name：输入框的名称。

type：输入的内容类型，例如下面常见的三种。

　　　type="email"：邮箱地址输入框，会对输入内容进行邮箱格式验证。

　　　type="text"：文本框，可输入任意内容。

　　　type="password"：密码框，会将输入的明文内容显示为圆点。

　　　placeholder：在输入框中显示的提示信息。

③ <textarea> 标签：定义一个多行的文本输入控件，文本区域中可容纳无限数量的文本，通俗地讲就是可以在里面输入非常多的字符。可以通过 cols（列）和 rows（行）属性来规定 textarea 的尺寸大小。

④ <button> 标签：定义一个按钮，在做轮播图模块时已经接触过。type="reset"，单击该按钮将清空表单，重新填写；type="submit"，单击该按钮将执行提交。

样式说明

mx-auto：设置表单、盒子居中对齐。

form-label：标签的自带样式，确保标签元素有一定的内边距。

form-control：设置输入框为正常大小。

form-control-lg：设置输入框为大号。

form-control-sm：设置输入框为小号。

保存代码，在浏览器中进行预览，效果如图 4-78 所示。

图 4-78　创建表单预览效果

测试一下，根据提示输入内容，然后单击"提交"按钮，表单数据就会发送到"http://www.kidscode.cn/Home/Page/testform"这个网址，为了能体验数据提交效果，这个网址的后台程序（后台程序常用 PHP、Java 等编程语言开发）会接收并显示提交的内容，如图 4-79所示。

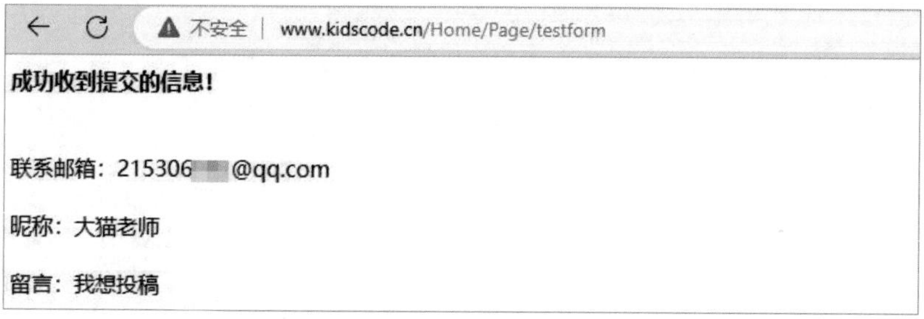

图 4-79　测试提交

4.8.2　添加背景图

在 4.8.1 节中，为了测试效果使用样式"bg-warning"添加了一个黄色的背景，如何用一张图片替换背景呢？

第一步　自定义样式

打开"school.css"文件，在已有的样式代码下方添加定义背景的样式，代码如下：

```
/* 联系我们 */
.contact-bgimg{
    background-image: url(../img/contact.jpg);
    background-repeat: no-repeat;
```

```
        background-attachment: fixed;
    }
```

样式说明

background-image：设置背景图片，值为 url（图片的地址）。

background-repeat：设置图片平铺方式。默认是水平垂直进行平铺；"repeat-x"为水平方向平铺；"no-repeat"为不平铺。

background-attachment：设置背景图片是否固定或者随着页面其余部分滚动。"fixed"用于设置背景图片不会跟随页面进行滚动，如果不设置，默认背景图片会跟随页面进行滚动。

第二步 打开"index.html"，应用自定义样式

找到"联系我们"模块最外层的大盒子，用我们自定义的样式名称"contact-bgimg"替换"bg-warning"。

```
<!-- 联系·我们 -->
<h2 class="text-center mt-5">联系·我们</h2>
<div class="mt-5 contact-bgimg">
```

说明

上述代码第 3 行删除之前的样式名称"bg-warning"，添加自定义的样式名称"contact-bgimg"。

保存代码，在浏览器中预览效果，如图 4-80 所示，这个背景图就是 img 文件夹下的图片"contact.jpg"。

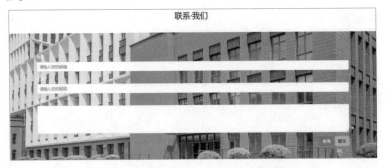

图 4-80　添加自定义样式设置背景图

虽然设置的背景样式已经生效，但是表单显示区域太宽，让输入框看起来又窄又长，很不美观，并且输入框上方白色的标签文字与背景混在一起，很难看清楚其内容。

接下来再定义一个表单样式，将表单的显示宽度变窄一些，并给表单添加一个半透明的背景色，让该模块更有层次感。

第三步 **给表单定义样式，设置背景颜色和宽度**

打开"school.css"文件，在已有的样式代码下面添加自定义背景样式，代码如下：

```
/* 表单样式 */
.contact{
    width: 60%;
    background-color: rgba(69, 70, 70, 0.39);
}
```

样式说明

background-color: 设置背景颜色。

rgba：代表 red（红色）、green（绿色）、blue（蓝色）和 alpha（透明度）四个单词的缩写。

- r：红色值，正整数（0~255）。
- g：绿色值，正整数（0~255）。
- b：蓝色值，正整数（0~255）。
- a：透明度，取值范围为 0~1。

第四步 **打开"index.html"文件，为表单添加自定义样式**

找到表单 <form> 标签，在 class 中添加"contact"样式。

```
<form action="http://www.kidscode.cn/Home/Page/testform"
method="post" class="p-3 mx-auto contact">
```

保存代码，在浏览器预览效果，如图 4-81 所示。

图 4-81 给表单添加半透明背景色

通过设计这样一个半透明背景，让网页有了立体层次感，突出了重点，将用户视觉聚焦在表单上，并且表单文字不会被背景图片所干扰，这种效果你学会了吗？

4.9 底部页脚

页脚是网页最下面的部分，主要放置网站的版权信息、备案号、地址和联系方式等信息，结构比较简单，效果如图 4-82 所示。

版权所有©某某学校 | 地址: 北京市海淀区颐和园路N号

图 4-82　首页页脚效果

分析这个模块的盒子结构，如图 4-83 所示。

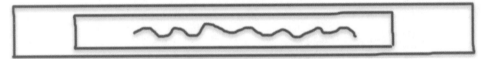

图 4-83　首页页脚框架结构

页脚框架结构的外层还是一个大盒子，为页脚设置背景，再放入一个固定宽度的盒子，即主体内容显示区域，在这个盒子里放入版权信息即可。

第一步　添加最外层盒子，并设置背景颜色

打开 "index.html" 文件，将表单模块部分代码折叠起来，在表单模块下方添加页脚模块的框架代码：

```
<!-- 底部页脚 -->
<div class="bg-warning">
</div>
```

第二步　在大盒子内添加一个固定宽度的盒子

在第一步创建的大盒子里添加一个固定宽度的盒子，并设置文字居中对齐，代码如下：

```
<!-- 底部页脚 -->
<div class="bg-warning">
        <div class="container text-center p-3">
        </div>
```

```
        </div>
```

第三步 添加页脚文字信息

对首页的页脚添加文字信息，代码如下：

```
<!-- 底部页脚 -->
<div class="bg-warning">
        <div class="container text-center p-3">
                版权所有 &copy; 某某学校 | 地址：北京市海淀区颐和园路 N 号
        </div>
</div>
```

HTML5 知识

© 显示版权符号（©）。

™ 显示商标（™）。

® 显示商标（®）。

保存代码，然后在浏览器中就可以看到效果了，如图 4-84 所示。

图 4-84　浏览器预览页脚效果

第四步 修改页面标题

完成页脚部分的代码后，再回到头部 <head> 标签位置，找到 <title> 标签，重新设置网页标题，代码如下：

```
<head>
        <meta name='viewport' content='width=device-width, initial-
scale=1'>
        <title>某某实验学校</title>
        <link rel="stylesheet" href="./css/bootstrap.min.css">
        <link rel="stylesheet" href="./css/school.css">
        <script src="./js/bootstrap.min.js"></script>
        <script src="./js/popper.min.js"></script>
</head>
```

说明

上述代码中加黄色底纹的部分设置网页标题为"某某实验学校",这个标题会在浏览器网页标签上显示。

再次保存代码,在浏览器里预览,修改的标题会显示在浏览器网页标签上,如图 4-85 所示。

图 4-85　修改后的网页标题

至此,一个完整的网页做好了,最终的页面效果如图 4-86 所示,左侧是计算机端显示效果,右侧是手机端显示效果。

图 4-86　完整页面预览图

第 1 章中介绍了网页主要由 HTML、CSS、JS 三部分组成，对于 HTML 和 CSS 样式，我们已经不再陌生，那 JS 的功效在哪呢？其实在做轮播图模块时，JS 就已经在默默地付出了，没有 JS 代码，图片就无法自动切换到下一张图片，接下来让我们一起去了解更多的 JS 魔法吧。

4.10 页面动画

"aos.js"是一款效果很好的页面滚动元素动画的 JS 代码脚本，该动画库可以在页面滚动时提供几十种不同的元素动画效果，如淡入淡出、滑动、翻转、缩放等，下面一起来学习如何使用它。

第一步 复制插件文件到网站目录

打开本章节对应的下载资源目录，找到"Aos 页面滚动插件"文件夹并打开，如图 4-87 所示，复制"css"和"js"两个文件夹。

图 4-87 复制"css"和"js"两个文件夹

将复制的文件夹粘贴到自己的网站目录"html"文件夹下面，因为复制的文件夹与目录里的文件夹重名，此时系统会提示是否合并文件夹，选择合并文件夹，这样两个相同名字的文件夹中的文件会汇集到一个文件夹里，如图 4-88 所示。

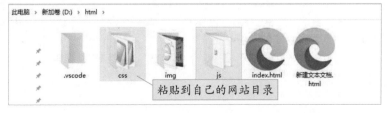

图 4-88 将复制的文件夹粘贴到"html"目录下

完成粘贴文件夹操作后，打开"css"文件夹，里面会多出一个"aos.css"文件，"css"文件夹中的文件如图 4-89 所示。

图 4-89 "css"文件夹下的样式文件

打开"js"文件夹，里面会多出"aos.js"和"jquery.1.7.1.min.js"这两个文件，"js"文件夹中的文件如图 4-90 所示。

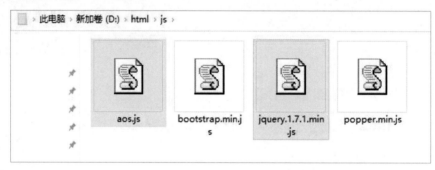

图 4-90 "js"文件夹下的文件

第二步 在页面中引入 CSS 样式文件和 JS 文件

在 VS Code 编辑器中打开"index.html"文件，在头部 <head> 标签内部添加引用的 CSS 文件和 JS 文件，代码如下：

```
<head>
        <meta name='viewport' content='width=device-width,
initial-scale=1'>
        <title>某某实验学校</title>
        <link rel="stylesheet" href="./css/bootstrap.min.css">
        <link rel="stylesheet" href="./css/school.css">
        <link rel="stylesheet" href="./css/aos.css">
        <script src="./js/bootstrap.min.js"></script>
        <script src="./js/popper.min.js"></script>
        <script src="./js/aos.js"></script>
```

```
        <script src="./js/jquery.1.7.1.min.js"></script>
    </head>
```

第三步 **统一配置所有元素的动画效果**

如果不想单独为每个元素做动画配置，可以通过 init() 方法来统一配置所有元素的动画效果。

在"index.html"底部的 </body> 标签之前添加如下代码：

```
<!-- 配置动画效果 -->
<script>
    AOS.init({
        easing:'ease-out-back',
        duration:1000,
        delay:300
    })
</script>
```

说 明

easing: 'ease-out-back'：设置动画效果。

duration:1000：设置动画持续时间是 1000 毫秒。

delay:300：设置动画延迟时间是 300 毫秒。

第四步 **添加动画属性**

在需要添加动画的元素上添加"aos"属性，代码示例：

```
<div aos=" 动画效果值 ">
```

在页面滚动时，就会在该元素上触发相应的动画。

"aos"动画效果值可以参考表 4-3。

表 4-3 "aos"动画效果值

淡入淡出动画	翻转动画	滑动动画	缩放动画
fade-up	flip-up	slide-up	zoom-in
fade-down	flip-down	slide-down	zoom-in-up
fade-left	flip-left	slide-left	zoom-in-down

淡入淡出动画	翻转动画	滑动动画	缩放动画
fade-right	flip-right	slide-right	zoom-in-left
fade-up-right			zoom-in-right
fade-up-left			zoom-out
fade-down-right			zoom-out-up
fade-down-left			zoom-out-down
			zoom-out-left
			zoom-out-right

例如：给校园要闻模块左侧的盒子加上 aos="slide-left"，就会在该元素上触发向左滑动的动画效果。

```
<!-- 校园要闻 -->
<h2 class="text-center mt-5">校园·要闻</h2>
<div class="container mt-5">
    <div class="row">
        <div class="col-xl-6" aos="slide-left">
```

你可以自己动手试试给页面其他元素都加上动画效果，也可以参考本节对应的视频演示或配套的源码，看看最终的页面，是不是感觉很酷？

通过学习，你还可以自己动手设计增加一些页面，丰富自己的网站。例如，"学校简介"页面可以使用图片、文字介绍一下自己学校的历史与现状；"社团活动"页面可以罗列丰富多彩的社团活动，展示同学们的才华与精神面貌。

这一节中我们学会了使用现有的 JS 插件来让页面元素动起来，那么，JS 代码是如何让它动起来的呢？接下来，让我们跟着第 5 章一起探寻 JavaScript 的世界吧。

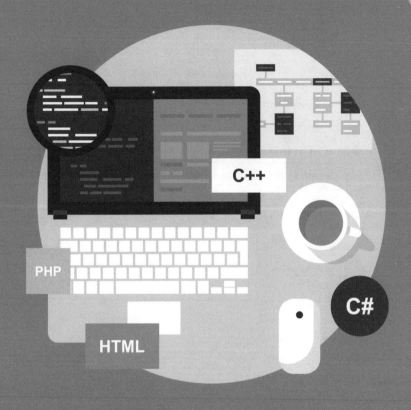

第 5 章

探寻 JavaScript 的世界

通过前面章节的学习，我们已经掌握了网页 HTML、CSS 的相关知识，了解了如何创建一个网页，以及如何创建和使用样式文件 CSS 调整网页结构和美化页面。对于 JS（JavaScript 的简称）我们已经见识到了它的神奇，那么 JS 到底是什么？它还能做些什么？本章我们将踏进 JavaScript 的大门，继续探寻我们的编程之旅。

5.1 JavaScript 基础知识

什么是 JavaScript？

我们将 Script 这个单词直译，即为脚本。JavaScript 是一门脚本语言，简称为 JS，它是一种可以应用在 HTML 页面中的代码，因主要在 Web 浏览器（客户端）解释执行而闻名。如今随着技术的发展，JavaScript 也被用到很多非浏览器环境中去，例如常见的微信小程序、支付宝小程序等。

在了解 JavaScript 是如何插入 HTML 页面、对页面进行控制及产生一些特效之前，我们有必要先学习一下 JavaScript 的相关知识。鉴于本书定位不是大而全的 JavaScript 开发指南，因此我们重点学习 JavaScript 常用的知识点，以便于快速掌握 JavaScript 的基础语法及编程思想。

5.1.1 第一行 JavaScript 代码

世界著名的 *The C Programming Language* 是一本经典的教材，其中最有名的莫过于第一个演示程序——打印出"Hello World"，我们也可以尝试使用 JavaScript（后面有时会简称为 JS）来写出第一行代码，然后运行它。

第一步 创建文件夹

在计算机 D 盘新建一个文件夹，命名为"javascript"，如图 5-1 所示。如果你的计算机没有 D 盘，也可以在其他盘位置创建该文件夹。

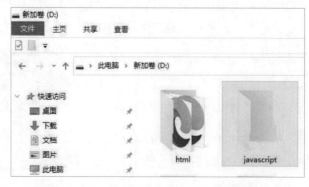

图 5-1　D 盘下新建"javascript"文件夹

第二步 将文件夹添加到工作区

打开 VS Code 编辑器，在"工作区"空白处右击，在弹出的快捷菜单中选择"将文件夹添加到工作区"命令，如图 5-2 所示。

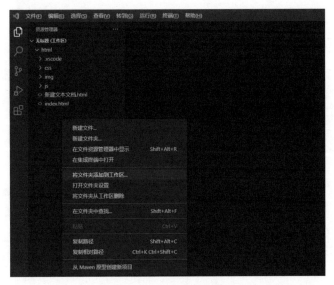

图 5-2　将 javascript 文件夹添加到工作区

选择上一步创建好的"javascript"文件夹并添加到工作区，这样我们在 VS Code 编辑器中就会看到这个"javascript"文件夹目录。

第三步 新建 JS 文件

在"资源管理器"中选中刚添加的"javascript"文件夹，单击"新建文件"按钮，并对新建的 JS 文件输入文件名"test1.js"，如图 5-3 所示。

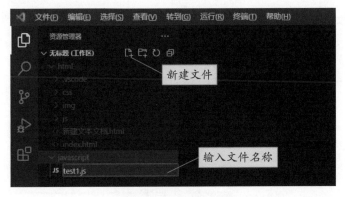

图 5-3　新建 JS 文件

注：本书后面章节提到将文件夹添加到工作区和创建文件的操作都按照上述操作进行，不再具体说明操作步骤。

第四步　**在"test1.js"中输入第一行代码**

在"test1.js"文件中输入以下代码：

```
console.log('Hello world');
```

这就是第一行 JavaScript 程序，接下来我们做点准备工作来执行一下这行代码。

5.1.2　执行 JavaScript 程序

　　船要在水里才能航行，汽车要有路才可以开。可以说，水是船的运行环境，公路是汽车的运行环境，那么程序也需要有自己的运行环境才可以执行。

　　我们之前在浏览器里运行 HTML 和 JS，那么浏览器就是它们的运行环境对吗？

　　是的，浏览器就是 HTML 和 JS 的运行环境。如果不用浏览器，我们要单独运行 JS 代码呢？那就要单独安装 JS 的运行环境，它就是 Node.js。

　　在 Node.js 出现之前，JavaScript 程序只能运行在浏览器中，作为网页脚本使用，为网页添加一些特效，或者和服务器进行通信。有了 Node.js 以后，JavaScript 程序就可以脱离浏览器，像其他编程语言一样直接在计算机上使用，再也不受浏览器的限制了。

第一步　**下载 Node.js**

　　从本书对应章节的下载资源中找到 Node.js 的 Windows 安装文件（node-v20.9.0-x64. msi），如图 5-4 所示。

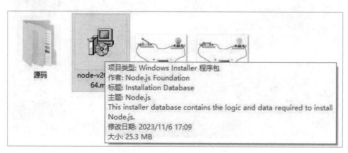

图 5-4　Node.js 的 Windows 安装文件

你也可以从 Node.js 官网（https://nodejs.org/en/download）下载其他版本，如图 5-5 所示。

图 5-5　Node.js 官网下载页面

第二步　安装

下载完成后，双击安装文件进行安装，如图 5-6 所示。

图 5-6　开始准备安装

单击"Next"按钮进入下一步，在弹出的对话框中选中同意许可，如图 5-7 所示。

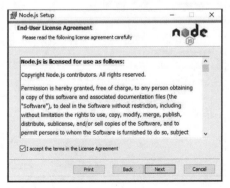

图 5-7　选中同意许可

单击"Next"按钮进入下一步，在弹出的对话框中选择安装目录（默认即可），如图5-8所示。

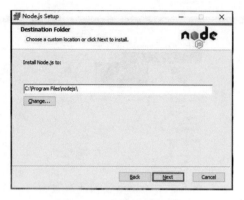

图 5-8　设置安装目录

继续单击"Next"按钮进入下一步，直到打开开始安装对话框，如图5-9所示。

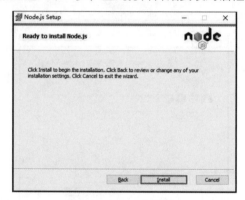

图 5-9　开始安装

单击"Install"按钮即可进行安装，安装过程如图5-10所示。

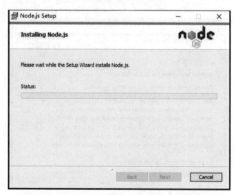

图 5-10　安装中

这个过程需要耐心等待，直到安装完成，如图 5-11 所示。

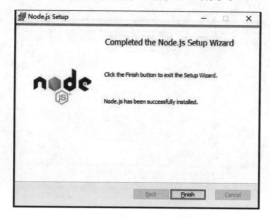

图 5-11　安装完成

单击"Finish"按钮，完成安装。

第三步　回到 VS Code 运行程序

在 VS Code 编辑器的"工作区"中右击"test1.js"，在弹出的快捷菜单中选择"Run Code"命令运行程序，如图 5-12 所示。如果没有"Run Code"命令，请检查是否按照第 2 章中的说明安装了"Code Runner"扩展插件。

图 5-12　运行第一行 JS 代码

程序运行结果在"输出"面板里显示，打印输出"Hello world"，如图 5-13 所示。这样我们就完成了第一个 JavaScript 程序。

图 5-13　运行并输出结果

5.1.3　JavaScript 注释

在第 4 章中，我们了解了注释的含义，以及如何在网页中加入 HTML 的注释，JavaScript 语言中也有注释，良好的编程习惯里注释是不可或缺的部分。我们先来看一段写好的 JS 代码：

```
/*
这是第一个 JavaScript 程序
用于展示代码的注释
*/
console.log("Hello World");// 控制台输出
```

在这段 JavaScript 代码中，与 HTML 页面内的注释一样，灰色的字体是 JavaScript 代码的注释。注释主要是一些说明这段代码用途的文字，也可以是暂时不想运行但需要保留的代码。

1. JavaScript 注释的分类

JavaScript 注释可以分为单行注释和多行注释。

（1）单行注释以符号"//"开头，注释内容可以放在代码的前一行，也可以放在代码的后面。

```
// 调用父类，这一句必须有，不然报错
super();
this.height=height;// 树干高度
this.blockSize=blockSize;
```

单行注释快捷键：使用鼠标选中要注释的内容，按"Ctrl+/"组合键（同时按键盘上的"Ctrl"键与"/"键），能快速对内容进行注释，若再次按"Ctrl+/"组合键，会取消注释。

（2）多行注释以"/*"开始，以"*/"结尾，将需要注释的内容放置中间。如果在代码中需要将多行内容进行注释，此时用多行注释会更方便一些，例如：

```
/*
这是第一个 JavaScript 程序
用于展示代码的注释
*/
console.log("Hello world");
```

多行注释快捷键：使用鼠标选中要注释的所有内容，按"Alt+Shift+A"组合键（同时按键盘上的"Alt"键、"Shift"键、"A"键三个按键），能快速进行多行注释，若再次按下"Alt+Shift+A"组合键，会取消多行注释。

2. JavaScript 注释的作用

（1）将部分不想执行的程序代码暂时屏蔽。

在编写代码的过程中，对于一些代码，可能暂时不想对它执行，也不想删除它，因为后面可能还会使用到它，因此可以先将这些代码进行注释，等到后面需要用到这些代码的时候，再将注释取消，例如下面使用多行注释符号将整段代码进行注释。

```
/*
for(let i=1;i<=30;i++){
        let x=Math.floor(Math.random()*maxSize);
        let z=Math.floor(Math.random()*maxSize);
        let id=Math.floor(Math.random()*12);// 生成随机数
        if (id==0){// 如果随机数是 0，就换为第 1 种小树
            id=1;
        }
        plant.tree(id);
}
*/
```

（2）在代码中插入说明。在编写较复杂的 JavaScript 代码时，需要加上适当的文字说明，对某段代码的执行过程或用法进行解释说明，不仅方便后续的代码修改调整，也可以让其他人在阅读这些代码时了解作者写这段程序代码的思路，如：

```
/* 计算两个数的和
@param {number} x - 输入参数 x
```

```
@param {number} y - 输入参数 y
@returns {number} - 返回 x+y 的和
*/
function add(x, y) {
    return x + y;
  }
```

一般来说，加上注释的代码不但能方便我们自己对代码进行维护，还能在与他人合作共同编写程序时方便他人快速了解代码思路。因此，在编写代码时需要养成加上注释的良好编程习惯。

5.1.4 变量和常量

小伙伴们是否有在网页登录自己账号的经历，输入了正确的账号和密码后，网站会进入一个丰富多彩的页面，而页面右上角处通常会显示我们登录的账号名称，它是如何做到的呢？其实，它是用到了一个叫"变量"的东西。在本节中我们将会学习变量和常量。

1. 变量

1）声明变量

通俗地说，变量是在程序运行过程中会发生变化的内容，而常量则是在程序运行过程中不会发生改变的内容。在 JS 中，变量是用来存放可变化数据的容器，当 JS 程序需要使用它时，会将存放在内的数据通过变量名来调用。在 JavaScript 中，创建变量通常称为"声明变量"，JS 语言使用"var"或"let"关键字来声明变量，语法格式如下：

```
var 或 let   变量名 = 变量的值；
```

例如：

```
var person="John";
let y=12;
let age=y+24;
```

使用"var"这个关键字定义变量是 JS 语言之前传统的用法，建议大家在后续的代码编写过程中采用"let"关键字来声明变量。

关键字"let"后面是变量的名称，变量名可以使用英文字母作名称（比如用一个字母："y"），也可以使用描述具体用途的单词作名称（比如"person""age"），便于代码理解。

变量命名规则：变量名称需以字母开头，虽然变量名称也能以"$"和"_"符号开头，但是阅读起来较为困难，所以对变量命名时尽量避免使用"$"和"_"，本书中的所有代码都将遵循这个原则。

　　JS 语言中的变量名称对字母大小写敏感（变量名称 y 和变量名称 Y 不是同一个变量），在给变量命名时，不能使用 JS 语言中的保留关键字作为变量名称，如 for、if、break、continue 等。JS 语言常见的保留关键字如图 5-14 所示。

abstract	arguments	boolean	break	byte	yield
case	catch	char	class	const	with
continue	debugger	default	delete	do	while
double	else	enum	eval	export	volatile
extends	false	final	finally	float	void
for	function	goto	if	implements	var
import	in	instanceof	int	interface	typeof
let	long	native	new	null	try
package	private	protected	public	return	true
short	static	super	switch	synchronized	transient
this	throw	throws			

图 5-14　JS 语言常见的保留关键字

　　2）变量赋值

　　像数学中的方程一样，使用"="符号为变量赋值，比如 y=12，表示用变量 y 来保存数值 12。或者通过表达式对变量进行赋值，比如 age=y+24，表示先赋予变量 y 数值 12，再让变量 y 与 24 进行加法运算，能够计算出结果数值是 36，再将 36 赋予变量 age。

　　3）变量类型

　　数据存放在变量中，变量的类型即数据的类型，用 JS 语言编写的程序在运行时会出现各式各样的数据，比如姓名、年龄、身高等数据信息，它们在计算机中属于不同的数据类型。例如"John"或"中国上海"这样的文字内容在 JS 语言中被称为字符串。

　　JavaScript 语言可以处理不同类型的数据，一般情况下，大多数都在处理数字类型和字符串类型的数据，接下来，我们学习使用数字类型和字符串类型的变量。

　　当向变量赋予文字内容时，要使用双引号或单引号将这个内容包围起来，例如以下代码：

```
let name='Zhang peng';
```

当向变量赋予数字时，不要使用引号，例如以下代码：

```
let x=6;
```

如果使用一对引号将数字包围起来，这个数字会被当作字符串来处理，无法对该变量进行数学运算，例如以下代码：

```
let x='6';
console.log(x+3);// 运行不会输出 9
```

上面代码中，声明变量完成后（如：let x='6'），在后面的代码中就可以直接使用变量（如 x+3）。

2. 常量

通俗来说，常量是在某个周期内固定不变的值，比如 3 月份一共有 31 天，这个 31 天不管是在哪一年都一样，因此 3 月份的天数算是一个常量；爸爸跟孩子的年龄差也是不变的，孩子在长大的同时爸爸也在变老，两个年龄的差距也可以看作一个常量；圆面积的计算公式为 $S=\pi r^2$，其中的圆周率 π 也是一个常量。

声明常量需要使用关键字"const"，语法规则如下：

const 常量名称 = 常量值；

除了常量名称前面的关键字"const"跟声明变量关键字"let"不同，声明常量的代码格式跟变量是一样的，都用"="符号进行赋值，在编程中常量名称一般习惯性使用大写字母，在代码中用于明显区分变量与常量。

```
const PI=3.14;// 圆周率
const WEEK=7;// 一周有七天
let r=6;
console.log(PI*r*r);// 输出圆的面积
```

跟变量不同的是，常量一旦定义后它的值就不能再次修改，否则程序会报错（专业术语为抛出异常），如图 5-15 中第 5 行代码试图修改常量"A"的值为 5，运行时程序报错。第 2 行代码修改变量 r 的值为 9，在运行结果中正确输出，说明变量的值可以修改，常量的值无法改变。

```
1.  let r=6;//变量
2   r=9;//变量的值可以被修改，修改后r=9
3.  console.log('常量r='+r);
4.  const A=3;//常量
5.  A=5;//修改常量的值，程序报错
6
```

```
问题  输出  调试控制台  终端
[Running] node "d:\javascript\test1.js"
变量r=9
d:\javascript\test1.js:5
A=5;//修改常量的值，程序报错
  ^

TypeError: Assignment to constant variable.
    at Object.<anonymous> (d:\javascript\test1.js:5:2)
    at Module._compile (node:internal/modules/cjs/loader:1103:14)
    at Object.Module._extensions..js (node:internal/modules/cjs/loader:1155:10)
    at Module.load (node:internal/modules/cjs/loader:981:32)
    at Function.Module._load (node:internal/modules/cjs/loader:822:12)
    at Function.executeUserEntryPoint [as runMain] (node:internal/modules/run_main:77:12)
    at node:internal/main/run_main_module:17:47

[Done] exited with code=1 in 0.154 seconds
```

图 5-15　修改常量运行出错

　　修改变量的值有个重要的思想就是"后者为王"，谁后面来谁就占位，前面的都得让位。如果多次修改变量的值，它会存储最后一次修改的值。

下面是修改变量的值的例子，看看是否能理解？

```
let x=66;    // 声明变量 x ，并赋予数值 66

let y=88;    // 声明变量 y ，并赋予数值 88

let z=99;    // 声明变量 z ，并赋予数值 99

y=z;

x=y;
```

阅读以上 JS 代码，你觉得 x 的值是多少？（　　）

A. 66　　　　　B. 88　　　　C. 99　　　　D. 0

正确答案是 C，思考一下为什么是 C 选项？

这是因为变量 y 最终被赋予了变量 z 的数据，此时变量 y 的数据由最初的 88 变成了 99，之后变量 x 被赋予了变量 y 的数据，此时变量 x 的数据由最初的 66 变成了 99。

5.1.5 运算符

在程序执行过程中,不可避免需要对数据进行运算,这一节我们主要介绍"算术运算符"、"赋值运算符"、"比较运算符"和"逻辑运算符"这四类运算符。

运算符与数据或变量组合在一起运算的式子被称为表达式,根据不同类别的运算符,它们可以称为"算术表达式"、"赋值表达式"、"关系表达式"(或"比较表达式")、"逻辑表达式"。

1. JavaScript 算术运算符

算术运算符是进行数学运算的符号,表 5-1 列举了相关运算符及用法。

表 5-1　算术运算符

运算符	描述	例子(y=5)	x 运算结果	y 运算结果
+	进行加法运算	x=y+2	7	5
−	进行减法运算	x=y-2	3	5
*	进行乘法运算	x=y*2	10	5
/	进行除法运算	x=y/2	2.5	5
%	取模(求余数)	x=y%2	1	5
++	自增	x=++y	6	6
		x=y++	5	6
−−	自减	x=--y	4	4
		x=y--	5	4

对于数学运算中的加减乘除,想必大家都比较容易理解,不过"+"这个运算符有点特殊,例如:

```
x=5+3;
y="5"+3;
z="John"+"ok";
```

x、y、z 的输出结果分别为:

```
8
53
Johnok
```

使用"+"运算符时,如果是两个数字则进行数学中的加法运算;如果其中一个是字符串,另一个是数字,则会将字符串和数字拼接起来,得到的结果是一个拼接后的字符串;如果两个数据都是字符串类型,"+"运算符同样也是将两个字符串进行拼接,得到一个拼接后的字符串。

"%"为取模运算符，即求取两个数相除的余数。例如：10%3 得到的结果为 1，即 10÷3 商是 3 余数是 1。

自增（++），即在原来的数的基础上递增 1；自减，即在原来的数的基础上递减 1。在表 5-1 中会发现自增和自减都有两种写法，它们有什么区别呢？

以自增为例，我们看一下这两种写法的区别。

·x=++y：加号在前，表示先自增再赋值，即先给 y 的值加 1，再将 y 的值赋给 x。

·x=y++：加号在后，表示先赋值再自增，即先将 y 的值赋给 x，再给 y 的值加 1。

自减的用法和自增相同。

2. JavaScript 赋值运算符

在前边我们已经见过赋值运算符，比如使用 "=" 符号（赋值符号）将值赋给一个变量或常量，那还有其他哪些赋值运算符呢？

表 5-2 列举并解释了赋值运算符（假设：x=10，y=5）。

表 5-2　赋值运算符

运算符	例子	等同于	运算结果
=	x=y		x=5
+=	x+=y	x=x+y	x=15
-=	x-=y	x=x-y	x=5
*=	x*=y	x=x*y	x=50
/=	x/=y	x=x/y	x=2
%=	x%=y	x=x%y	x=0

3. JavaScript 比较运算符与逻辑运算符

比较运算符用于判定关系表达式（或称为条件）是否成立，如果成立就是 "true"，不成立就是 "false"。"true" 和 "false" 在 JavaScript 语言中是布尔类型的数据，布尔类型数据只有 "true" 和 "false" 这两个值。

表 5-3 列举并解释了比较运算符（假设：x=5）。

表 5-3　比较运算符

运算符	描述	比较	返回值
==	等于	x==8	false
		x==5	true
===	绝对等于（值和类型均相等）	x==="5"	false
		x===5	true
!=	不等于	x!=8	true

续表

运算符	描述	比较	返回值
!==	不绝对等于（值和类型有一个不相等，或两个都不相等）	x!=="5"	true
		x!==5	false
>	大于	x>8	false
<	小于	x<8	true
>=	大于或等于	x>=8	false
<=	小于或等于	x<=8	true

　　逻辑运算符是将一个或多个条件表达式组合起来的运算符，运算得到的结果为布尔类型（"true"或"false"）。

　　表5-4列举并解释了逻辑运算符（假设：x=5，y=6）。

表5-4　逻辑运算符

运算符	描述	例子
&&	并且（符号两侧的条件都成立则结果为true，有一个不成立则结果为false）	(x<10 && y>7) 为 false
||	或者（符号两侧的条件只要有一个成立则结果为true，两个都不成立则结果为false）	(x==5 || y==5) 为 true
!	非（将原来的值取反，非假即真，非真即假）	!(x==y) 为 true

　　学习了比较运算符与逻辑运算符的知识后，大家肯定疑惑它们到底有什么用，因为程序的执行是有流程的，所以对于如何控制流程，自然就离不开比较运算和逻辑运算。

5.2 流程控制

5.2.1 条件语句

　　在日常生活中，我们总会面对很多选择。例如，在步行上学的路上，突然下起暴雨，我们可能会赶紧回家拿伞或找个就近的地方避雨；周末了，如果天气晴朗就去公园打篮球，如果是阴天那就去跑步，如果是下雨那就去体育馆打乒乓球；如果……，生活中有太多如果了。

在编写代码的过程中，我们同样也要为程序运行时发生的不同状况做出不同的决定，让程序根据不同的决定执行不同的流程，这时就需要使用条件语句来完成该任务。

在 JavaScript 语言中，常用的条件语句有 if 语句、if...else 语句、if...else if...else 语句和switch 语句。

1. if 语句

if（如果）语句的语法格式如下：

if (条件表达式或逻辑表达式，在此处都称为条件)

{

　　当条件成立（表达式结果为 true ）时执行的代码

}

实例 5-1　如果变量"weather"的值是"雨"，那么就输出"去体育馆打乒乓球"，代码如下（test1.js）：

```
let weather=" 雨 ";
if (weather==" 雨 "){
    console.log(' 去体育馆打乒乓球 ');
}
```

2. if...else 语句

在程序执行过程中，有时候需要对两个相反的情况进行处理，分别执行不同的流程，这时候 if 语句无法满足功能需求，在 JavaScript 语言中条件语句还有另一种—— if...else（如果……否则……）条件语句。如果条件成立就执行"if"里的代码，如果条件不成立就执行"else"中的代码，语法格式如下：

if (条件)

{

　　当条件为 true 时执行的代码

}

else

{

　　当条件为 false 时执行的代码

}

实例 5-2　如果变量"weather"的值是"雨"，那么就输出"去体育馆打乒乓球"，

否则输出"去公园打篮球",代码如下(test1.js):

```
let weather=" 阴 ";
if (weather==" 雨 "){
    console.log(' 去体育馆打乒乓球 ');
}else{ // 括号和 else 习惯放在一行
    console.log(' 去公园打篮球 ');
}
```

你可以在 VS Code 编辑器中试运行这段代码(放在 test1.js 中运行),看看结果是否和你预想的一样。

3. if...else if...else 语句

如果程序需要处理更多的情况,就要执行不同的流程,也有 if...else if...else(如果……如果……否则……)语句,它从上到下依次判断条件,根据条件只执行其中的一个,语法格式如下:

if (条件 1)

{

　当条件 1 为 true 时执行的代码

}

else if (条件 2)

{

　当条件 2 为 true 时执行的代码

}

……

else if (条件 N)

{

　当条件 N 为 true 时执行的代码

}

else

{

　当前面条件都为 false 时执行的代码

}

实例 5-3　如果变量"weather"的值是"雨",那么就输出"去体育馆打乒乓球",如果是"晴",那么就输出"去公园打篮球",否则输出"去跑步",代码如下(test1.js):

```
let weather=" 阴 ";
if (weather==" 雨 "){
    console.log(' 去体育馆打乒乓球 ');
}
else if(weather==" 晴 ")
{
    console.log(' 去公园打篮球 ');
}else{
    console.log(' 去跑步 ');
}
```

先思考一下，结果会输出什么呢？然后再去测试一下，验证你的结果吧。

4. switch 语句

针对同一个问题有多种可能结果（通常是同一个变量在程序执行过程中可能有不同的值）时，使用 if...else if...else 语句可能并不方便，在 JavaScript 语言中还可以使用"switch"语句来选择执行其中一个可能的结果，语法格式如下：

switch(n)

{

    case 数据 1：

        当 n 是数据 1 的时候，执行代码块 1

        break;

    case 数据 2：

        当 n 是数据 2 的时候，执行代码块 2

        break;

    default：

        n 都不符合以上数据时执行的代码

}

switch 语句中的 switch(n)，通常 n 是一个变量，它存储的数据会与结构中的每个"case"的值做比较，如果 n 与"case"的值相同，则与该"case"关联的代码块会被执行，注意需要加上"break"来阻止代码自动地转向下一个"case"关联的代码运行，"default"关键字相当于"else"语句，指在所有的"case"值都不匹配时执行的代码块。

实例 5-4 根据不同的天气选择不同的运动，如果用"switch"语句来写，代码如下（test1.js）：

```
let weather="阴";
switch(weather)
{
    case "雨":
        console.log(' 去体育馆打乒乓球 ');
        break;
    case "晴":
        console.log(' 去公园打篮球 ');
        break;
    default:
        console.log(' 去跑步 ');
}
```

运行一下你的代码，这里运行的结果是不是与之前的程序运行结果一样呢？

5.2.2　循环语句

循环是什么呢？循环是重复做某一件事，比如地球在不断地转动，每年都会有春夏秋冬四季更替；时钟在嘀嘀嗒嗒地不停走动，永不停歇；我们人类的心跳也是保证血液循环的前提条件。

假如你在心里许愿 100 次，你的愿望就会实现，试一下用 JavaScript 语言来写出这个程序，真的要输入 100 行代码吗？

当然不需要。我们可以借助 JavaScript 的循环语句来实现。循环语句常见的有 for 循环语句和 while 循环语句。

1. for 循环语句

当我们明确程序需要循环执行某件事情的次数时，例如许愿 100 次，可以选择 "for" 循环语句，其语法格式如下：

for (语句 1; 语句 2; 语句 3)

{

　　被执行的代码块

}

语句 1：循环开始前执行。

语句 2：循环要满足的条件。

语句 3：在循环（代码块）已被执行之后执行的语句。

实例 5-5　在 VS Code 编辑器中新建一个文件"test2.js"，然后输入如下代码并运行一下看看结果（test2.js）：

```
for (let i=1;i<=100;i++){
    wish=" 买好多好吃的 ";
    console.log(" 第 "+i+" 遍 ");
    console.log(" 我的愿望是 "+wish);
}
```

重点来解释一下 for 里面的三个语句，如表 5-5 所示。

表 5-5　for 循环里面的三个语句

语句 1	语句 2	语句 3
let i=1	i<=100	i++
在循环开始之前，定义一个循环变量 i，初始值为 1	执行循环满足的条件，如果 i 小于或等于 100 成立，就执行代码（许愿），如果 i 大于 100 就退出循环	每执行完一次循环，也就是许一次愿，就会执行一次 i++（i 自增 1），直到 100 次时，变量 i 增到 101，不再满足循环条件（i<=100），结束循环

2. while 循环

有时，循环的次数不是固定的，需要根据条件来结束，比如跳绳比赛，只有计时时间到才能停下来；风停了，风车才会停止转动。这些根据条件是否满足来执行的循环，一般用"while"循环语句，其语法格式如下：

while（条件）

{

　条件成立要执行的代码

}

只要指定条件为 true，循环就可以一直执行代码块。例如，下面这段代码会执行多少次呢？

```
while (1==1)
{
    console.log(' 跳啊跳 ');
}
```

"1==1"是一个永远成立的条件，所以程序会一直循环执行下去，我们把这种循环称为"无限循环"，也可以称为"死循环"。它在执行过程中可能会将系统的资源耗尽，所以在编写程序时一定要慎用无限循环。

实例 5-6　输入以下代码并运行一下，看看程序的结果是不是跟你预想的一样？（test2.js）

```javascript
let time=0;
while(time<80){
    console.log('跳啊跳');
    time++;
}
```

while 循环语句与 for 循环语句各有千秋，在编写程序时，并不规定在代码中必须使用哪种循环语句，选择你熟悉的或习惯的、贴合程序设计的语句来实现即可。

5.3 函数

函数是一段能够重复使用或者实现功能相对独立的代码段。在编写一个较为复杂的程序时，JavaScript 代码会越写越多，阅读代码或修改代码都会面临不小的挑战。为了让管理代码更加规范，提升代码的可读性、可维护性，让别人也更容易理解你的编程思路，我们需要将功能独立的代码段封装成一个函数。类似于将书包里的资料进行分类，语文一个文件袋，数学一个文件袋……每个文件袋就是一个函数，这样方便查找与管理。

5.3.1　函数的定义

函数的定义规则如下：

```
function  函数名 (){
      要执行的功能代码
}
```

定义函数要使用关键字"function"，函数名的命名规范参考变量名的命名规范，一般都用有意义的英文单词来命名，让别人一看这个函数就大概知道它有什么作用。

实例 5-7　下面我们就来实际编写一个函数。

```
// 定义函数
function hello(){
    console.log("Hello");
}
```

写完上面的代码后马上执行,是看不到任何输出内容的。定义好函数后需要调用该函数,
函数内的代码段才会被执行,调用时必须写上与所定义函数一致的名称,大小写都要一样,
后面加上一对小括号( ),代码如下(test3.js):

```
// 定义函数
function hello(){
    console.log("Hello");
}
hello();// 调用函数
```

将修改后的代码保存并运行,将会输出"Hello"。

在 VS Code 编辑器中新建一个"test3.js",跟着一起练一练吧。

5.3.2 带参数的函数

有时候函数内执行的代码段需要对一些数据进行处理。这些数据并不是内置在程序代
码中,而是在程序运行过程中才能获取。就像洗衣机洗衣服,要洗什么衣服,这由我们将
什么衣服放进洗衣机来决定。如何把数据传递到函数?可以通过向函数传递值的方式完成,
这些值被称为参数,这些参数可以在函数中使用。一个函数可以传递多个参数,参数之间
由逗号","分隔,语法规则如下:

function 函数名 (参数 1,参数 2,…,参数 n){

　　　要执行的功能代码

}

在调用函数时,传递的值需要与参数顺序一致,第一个值就对应函数的第一个参数,
以此类推。

实例 5-8   以实现计算长方形面积功能为例,我们需要提供长方形的长(a)和宽(b),
利用长方形的面积公式 s=ab 计算得到长方形的面积。将这个计算长方形面积的过程定义成
一个函数,a 和 b 是函数的参数,代码如下(test3.js):

```
function area(a,b){
    let s=a*b;//s 表示面积,为 a*b
    console.log(s);
```

```
    }
    area(4,5); // 调用计算长方形面积函数
```

调用函数时，4（也可以是变量）传值给 a，5（也可以是变量）传值给 b，所以程序的输出结果是 20。

思考：下面程序的输出结果是多少？

```
let c=4;
let d=5*c;
area(c,d);// 调用计算长方形面积函数
```

小技巧

如何快速给函数加上注释？

完成定义一个函数之后，将光标移到函数 function 前面，输入 "/**"，然后按 "Enter"键，VS Code 编辑器会自动生成如下的注释：

```
/**
 *
 * @param {*} a
 * @param {*} b
 */
```

我们在注释里加上函数和参数说明，添加注释后的代码如下：

```
/**
 * 计算长方形面积
 * @param {*} a 长方形的长
 * @param {*} b 长方形的宽
 */
function area(a,b){
    let s=a*b;//s 表示长方形面积
    console.log(s);
}
```

参数原来是可以有缺省值的

什么是缺省值呢？缺省值是计算机专业术语，又称为默认值。在定义函数时会设定传入多个参数，有的参数我们可以给它设置默认值，如果不给它传入值，它就会使用默认值。

实例 5-9 比如学校有免费的馒头供应，但有的孩子可能不喜欢吃馒头，自己带早餐去学校。如果带了早餐来学校，那就吃自己带的早餐；如果没带早餐来学校，就只能吃学校的馒头。我们用函数来模拟一下（test3.js）：

```
/**
 *
 * @param {*} name 学生的名字
 * @param {*} breakfast 早餐名字
 */
function gotoSchool(name,breakfast=" 馒头 "){
    console.log(" 同学 "+name+" 的早餐是 "+breakfast);
}
```

假如同学 A 叫小王，自己带了面包，则函数调用如下：

```
gotoSchool(" 小王 "," 面包 ");
```

同学 B 叫小陈，他没带早餐，因此只需要传入第一个参数即可：

```
gotoSchool(" 小陈 ");
```

函数中定义了两个参数，一个是"name"，另一个是"breakfast"，按照参数顺序，"小陈"传递给第一个参数"name"，第二个参数在函数定义时设置了默认值"馒头"，不传值给它的情况下，调用函数时就会使用默认值。

那请你想一想并试一试，小王和小陈早餐到底吃的是什么呢？

在后续的学习和实践中，我们经常会定义参数带有缺省值的函数，特别需要注意的是，带缺省值的参数必须排在没有缺省值的参数的后面：

function 函数名 (参数 1，参数 2，参数 3= 缺省值，参数 4= 缺省值){

}

5.3.3 带返回值的函数

有时，我们会希望函数执行后将结果返回给调用它的地方，需要使用"return"语句来完成。在使用"return"语句时，函数会停止执行并将指定的结果返回。

实例 5-10 在 5.3.2 节中，我们定义了计算长方形面积的函数，调用函数后会输出计算的面积。如果按下面代码进行修改，还会输出吗？（test3.js）

```
/**
 * 计算长方形面积
 * @param {*} a 长方形的长
 * @param {*} b 长方形的宽
 */
function area(a,b){
    let s=a*b;//s 表示长方形面积
```

```
        return s;// 返回面积
    }
    let s1=area(4,5); // 调用计算长方形面积函数，将返回值赋给变量 s1
```

我们将函数中的输出语句"console.log( )"改为"return"语句，返回计算后的面积值，那返回的值到哪里了呢？

举个例子，我通过外卖平台点了杯咖啡，那咖啡店就会把做好的咖啡送给我。函数的返回值也是这个道理，谁调用这个函数，那么值就返回给谁。所以上面的代码通过赋值运算符（=）将函数的返回值赋给了变量 s1，这样我们只要输出 s1 的值就能知道计算结果的面积大小。大家可以尝试一下修改代码，将面积的结果输出来。

思考一下，下面输出的结果是多少呢？

```
let s1=area(4,5); // 调用计算长方形面积函数，将返回值赋给变量 s1
console.log(s1+30);
```

5.3.4 递归函数

一天，小明妈妈对他说："我可以实现你两个小小的愿望。"小明听了妈妈的话后，灵机一动，坏笑地说："真的吗？我第一个愿望是给我买好多好吃的；第二个愿望是……你再给我两个小小的愿望。"大家觉得小明能实现多少个愿望呢？从理论上讲，只要他每次都让妈妈再给两个小愿望，小明将会有无数个愿望被实现，这个许愿过程就是递归。实际上妈妈肯定不会同意小明这样做，一定会加上限制条件，防止小明无限许愿下去。这也是递归特别要注意的一点，一定要有结束递归的条件，否则会无限调用函数，导致系统资源耗尽。

什么是递归函数呢？它是一种特别的函数。通俗地讲，在函数内部调用函数本身，形成一个循环的过程，称为递归，实现这样效果的函数就称为递归函数。

先看一个简单的递归函数：

```
// 递归函数
function hi(){
    console.log('Hello');
    hi();// 调用自己
}
// 调用函数，出现死循环
```

```
hi()
```

定义了函数 hi( )，在这个函数内部又调用了它自己，这样就会不断地调用这个函数，打印"Hello"，直到最后程序报错：

```
Hello
Hello
Hello
node:internal/console/constructor:290
        if (isStackOverflowError(e))
            ^
RangeError: Maximum call stack size exceeded
```

出错原因就是这个函数没有结束的条件，形成了死循环，由于不断地调用函数，而函数会申请内存空间来运行，最终导致堆栈溢出（内存溢出），出现上面的运行错误。关于内存溢出，我们可以将计算机的内存想象成一个 500 毫升的水瓶，虽然容量是有限的，但你往瓶里装了太多水（调用太多的函数），满了自然就会溢出来。所以再次强调，在递归函数里调用函数本身的时候，一定要设置递归的终止条件，合理地控制循环出口。

实例 5-11 来看一道很经典的笔试题，请用递归方法计算出 1 到 n 之间每个自然数的和（递归 .js）。

```
// 递归求 1 到 n 的和
function calc(n){
    // 这个 if 是退出递归的条件
    if(n==1) { //n==1 结束递归
        return 1;
    }
    // 调用自己 calc(n-1)
    return n + calc(n-1);//calc(n-1) 表示 1 到 n-1 的和
}
console.log(calc(3));// 打印 1 到 3 的和
```

计算从 1 加到 n 的和，也可以看作 n-1 的和再加上 n。假设 n=5，那么 1 至 n-1 的和为 1+2+3+4=10，再加上 n：1+2+3+4+5=10+5。为了方便分析程序执行过程，先设置 n=3 作为参数传入，下面我们看一下这个程序的执行。

第一次调用，执行 calc(3)：n==3，返回 3+calc(2)，函数内部调用 calc(2)；

第二次调用，执行 calc(2)：n==2，返回 2+calc(1)，函数内部调用 calc(1)；

第三次调用，执行 calc(1)：n==1，返回 1，递归终止；

再将每次调用执行得到的结果累加，3+2+1；

执行结束。

所以最终结果是：3+2+1=6,递归函数是不是很神奇？

5.4 面向对象编程

面向对象编程的英文是 Object Oriented Programming，简称 OOP。面向对象程序设计方法是尽可能模拟人类的思维方式，使得软件的开发方法与过程尽可能接近人类认识世界、解决现实问题的方法和过程。面向对象程序设计以对象为核心，该方法认为程序由一系列对象组成。对象间通过消息传递相互通信，来模拟现实世界中不同实体间的联系。在面向对象的程序设计中，对象是组成程序的基本模块。

在现实生活中，所有的事物都可以描述为对象，也就是 OOP 著名的理论 Everything is object（一切皆对象）。一个人、一支笔、一只动物、一本书……这些都可以是对象，面向对象编程也是大规模软件协同开发的基础。

编程中对象到底是什么呢？对象显著的特征是具有属性和方法。我们先以人（People）为例来分析一下有哪些关键属性特征，描述一个人的静态特征会有肤色（complexion）、发型（hairstyle）、身高（height）、体重（weight）等；描述一个人的动态特征：人会说话（speak）、走路（walk）、学习（learn）等。静态的特征我们称之为属性（Property），动态的行为我们称之为方法（Method），整理后如表 5-6 所示。

表 5-6　对象的属性和方法

对象	属性	方法
	People.complexion = 'brown' People.hairstyle = 'short' People.height = 175 People.weight = 65	People.speak() People.walk() People.learn()

5.4.1　JavaScript 类

如何创建一个对象呢？创建一个对象需要先创建类。

假设我们要设计一款机器猫的玩具产品，在这个产品制造之前需要对产品进行设计，制作设计图纸，所有的玩具猫产品就按照这个图纸进行制作。在编程中创建一个对象也需要有"图纸"，这个图纸我们称为类（class），接下来我们学习如何创建类。

还是以机器猫为例，先进行分析并构思，对机器猫拥有怎样的属性和方法进行梳理，我们采用如下自问自答的模式。

Q：机器猫是什么颜色？

A：黄色。

Q：机器猫有多重？

A：2kg。

Q：它有哪些功能？

A：会叫、会跑、会说话。

对于机器猫还有很多其他问题，我们就不一一列举了，在上面的问题中，颜色和重量是外观特征（静态的），称为属性。叫、跑、说话等功能（动态的）属于方法，图 5-16 就是机器猫分析的一个简单的思维导图。

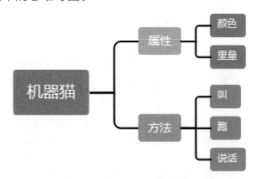

图 5-16　机器猫分析的思维导图

接下来就需要将这些属性和方法体现在"图纸"里面，也就是创建类（class）。在 JavaScript 中，我们定义一个类的规则如下：

```
class 类名 {
    属性 1
    属性 2
    ...
    属性 n
```

```
    方法 1(){
    }
    方法 2(){
    }
    ...
    方法 n(){
    }
}
```

类名采用大写字母开头，且采用驼峰命名法，也就是每个单词的首字母大写，其他的小写（例如 Cat 、MyCuteCat、MyCuteFatCat），本书后面的类我们都采用这种命名规范。

编写机器猫的类，代码如下：

```
/**
    该类定义一只机器猫
*/
class Cat{
// 属性
    color=" 黄色 ";
    weight="2kg";
// 方法
    catBark(){
        console.log("~ 喵 ~");
    }
    catRun(){
        console.log(" 跑 ~");
    }
    speak(){
        console.log(" 我是一只会说话的猫……");
    }
}
```

在上面的代码中你会发现，类里的属性其实就是变量，而方法就是我们前面所学习的函数，并没有什么新的知识，但需要注意的是，与之前定义函数的规范不同，在类里定义方法不能在前面加关键字 function。

为了理解类的意义，我们把类比作"图纸"，"图纸"并不具备实际的功能。类只是创建一个对象的模板，只有创建出来的对象（也叫实例）才会具备真正的功能。就像科幻片里的东西很多是想象出来的、抽象的，但哪一天真的实现出来了，那就是一个真实存在的对象实例。接下来，我们使用这个 Cat 类来创建一只机器猫对象，想象一下，它是我们根据"图纸"打造出来的第一只机器猫。

使用类创建对象（对象也称为实例）需要用"new"关键字，语法格式如下：

let 对象名 = new 类名 ();

接着，我们创建一只机器猫，并测试机器猫叫的功能，调用对象的方法与调用函数是一样的，只不过需要在方法名前加上对象名，然后再加一个"."，表明这是调用哪个对象的方法，完整的代码如下：

```
/**
    该类定义一只机器猫
*/
class Cat{
    // 属性
    color=" 黄色 ";
    weight="2kg";
    // 方法
    catBark(){
        console.log("~ 喵 ~");
    }
    catRun(){
        console.log(" 跑 ~");
    }
    speak(){
        console.log(" 我是一只会说话的猫……");
    }
}
let cat = new Cat();// 创建一个对象
cat.catBark();// 调用小猫叫的方法
```

请在你的 VS Code 编辑器中新建"test4.js"文件，试一试，如果输入正确会在输出面板上显示运行结果：

```
[Running] node "d:\javascript\test4.js"
~ 喵 ~
[Done] exited with code=0 in 0.128 seconds
```

同一个类可以生成多个对象，比如类名是 Cat，那对象的名字可以是 cat1、cat2、cat3……对象的命名规范跟类稍有区别，一般首个单词小写，后面的单词首写字母大写，被称为小驼峰式命名法。

例如，再创建第二只机器猫 cat2，这样两只猫都属同一个类 Cat，但它们有不同的行为（调用不同的方法），代码如下：

```
let cat = new Cat();// 创建一个对象
cat.catBark();// 调用小猫叫的方法
// 再创建一个机器猫对象
let cat2 = new Cat();
cat2.speak();
```

5.4.2 构造方法

1. 添加构造方法

构造方法（也叫构造函数）是类中一种特殊的方法，构造方法名为 constructor( )，该方法会在创建对象时自动执行。通过实例来演示一下，修改机器猫类，添加一个构造方法，代码如下：

```
/**
    该类定义一只机器猫
*/
class Cat{
    // 属性
    color=" 黄色 ";
    weight="2kg";
    // 构造方法
    constructor()
    {
        console.log(' 创建了一个新对象 ');
    }
    // 方法
    catBark(){
        console.log("~ 喵 ~");
    }
    catRun(){
        console.log(" 跑 ~");
    }
    speak(){
        console.log(" 我是一只会说话的猫……");
    }
}
let cat = new Cat();// 创建一个对象
```

```
cat.catBark();// 调用小猫叫的方法
// 再创建一个机器猫对象
let cat2 = new Cat();
cat2.speak();
```

保存代码，再次运行：

```
[Running] node "d:\javascript\test4.js"
创建了一个新对象
~ 喵 ~
创建了一个新对象
我是一只会说话的猫……
```

从运行结果中可以发现，只要创建对象（new 语句），构造方法就会被自动调用执行，输出"创建了一个新对象"，然后再执行代码中调用的对象的方法。构造方法总是最先被执行，就像先锋军，总是冲锋在前。

2. 带参数的构造方法

学习函数的时候知道函数可以有参数，那构造方法跟函数一样，也是可以带参数的，再次修改构造方法，添加 c(color)、w(weight) 这两个参数，修改后的构造方法如下。

实例 5-12 创建机器猫的类（test4.js）。

```
/**
    该类定义一只机器猫
*/
class Cat{
    // 属性
    color=" 黄色 ";
    weight="2kg";
    // 构造方法
    constructor(c,w)
    {
        console.log(' 创建了一个新对象 ');
        this.color=c; // 修改属性颜色
        this.weight=w; // 修改属性重量
    }
    // 方法
    catBark(){
        console.log("~ 喵 ~");
    }
```

```
    catRun(){
        console.log(" 跑 ~");
    }
    speak(){
        console.log(" 我是一只会说话的猫……");
    }
}
```

如果构造方法中有参数，那调用构造方法的时候需要进行传值，由于构造函数是自动调用的，那什么时候在哪里给它传值呢？

我们需要在创建对象的时候进行传值，要传递的值放在类名后的括号里，传参规则跟调用带参数函数的规则一样，由于构造方法有两个参数，所以必须修改创建对象的代码，将参数的值传递给对象，代码如下：

```
let cat = new Cat(" 黄色 ","2kg");// 创建一个对象，给构造函数传值
cat.catBark();// 调用小猫叫的方法
console.log(cat.color); // 输出对象的颜色
// 再创建一个机器猫对象
let cat2 = new Cat(" 黑色 ","2kg");// 创建另一个对象，给构造函数传值
cat2.speak();
console.log(cat2.color); // 输出对象的颜色
```

程序中给构造方法添加了两个参数 c 和 w，然后使用传入的值修改了颜色和重量属性，那又为什么要使用"this"？

```
this.color=c;   // 修改属性颜色
this.weight=w; // 修改属性重量
```

当我们使用 new 关键字创建一个对象时，this 关键字便指向这个对象，例如"let cat2 = new Cat(" 黑色 ","2kg");"创建了一个 cat2 对象，那么 this 就是指 cat2 对象。构造方法中修改的属性 color 和 weight 其实就是 cat2 的属性，运行代码可以进行验证。

```
// 再创建一个机器猫对象
let cat2 = new Cat(" 黑色 ","2kg");// 创建另一个对象，给构造函数传值
cat2.speak();
console.log(cat2.color); // 输出对象的颜色
```

程序中创建了 cat2 对象，传递了两个值"黑色"和"2kg"，构造方法使用传递的值修改 cat2（使用 this）的"color"和"weight"属性，最后输出 cat2 的颜色就是黑色而非默认的黄色。

不妨动手试一试，修改参数值，再输出对象的重量属性。

在对象被创建时，由于构造方法具有自动执行这一特性，因此一般会在构造方法中设置对象的初始属性或者执行一些初始化方法。比如上面的例子中，我们还可以在创建对象时通过传值创造出白猫、花猫……

5.4.3 类的继承

继承是类非常重要的一个特征，也正是因为类可以继承，所以程序能够更好地实现功能拓展，达到事半功倍的效果。为了更好地理解类的继承的机制，以父子关系为例，我们可以观察一下现实生活中的父子关系，如图 5-17 所示。

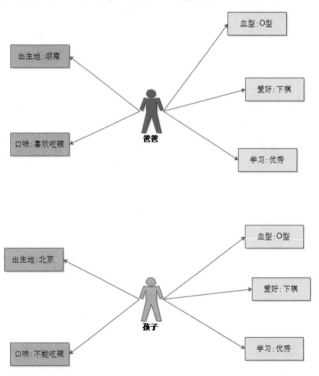

图 5-17　现实生活中的父子关系举例

从图 5-17 中可以看出孩子跟爸爸有相同的地方：血型、爱好和学习，但也有不同的地方：出生地和口味。

1. extends 关键字

我们如何来描述孩子具有和父亲一样的特征呢？

通常我们会说到这是基因遗传决定的，那编程中的继承就类似于遗传。孩子继承了爸爸的一些特征，比如血型是 O 型、爱好下棋和较高的智商，成绩优秀，但每个人又有自己

的个性特点，比如父子俩的口味不相同，一个能吃辣一个不能吃辣。因此，我们定义两个
类来实现这样的场景，定义父类（Parent）和子类（Child），则 Child 继承自 Parent。

JavaScript 类继承使用 extends 关键字，在 VS Code 编辑器中新建文件"test5.js"，
试着一起编写下面的代码：

```javascript
// 定义一个父类 Parent
class Parent{
}
// 定义一个子类，继承自 Parent
class Child extends Parent{
}
```

2. about() 方法

我们将上面血型、学习、爱好、口味、出生地等特征属性加入父类代码中，并在父类
中加入 about() 方法，输出这些属性。

实例 5-13 类的继承（test5.js）。

```javascript
// 定义一个父类 Parent
class Parent{
    blood="O 型 ";
    study=" 优秀 ";
    hobby=" 下棋 ";
    flavor=" 喜欢吃辣 ";
    born=" 湖南 ";
    about(){
        console.log(" 血型 :",this.blood);
        console.log(" 学习 :",this.study);
        console.log(" 爱好 :",this.hobby);
        console.log(" 口味 :",this.flavor);
        console.log(" 出生地 :",this.born);
    }

}
// 定义一个子类，继承自 Parent
class Child extends Parent{
    // 孩子不同于父亲的属性
    flavor=" 不喜欢吃辣 ";
    born=" 北京 ";
}
```

```
// 创建一个孩子对象
const child=new Child();
child.about();// 输出孩子的各种属性
```

我们创建一个孩子对象，并调用 about() 方法，发现程序的输出如下：

```
[Running] node "d:\javascript\test5.js"
血型：O 型
学习：优秀
爱好：下棋
口味：不喜欢吃辣
出生地：北京
```

在 Child 类中并没有 about() 方法，为什么可以正常调用 child.about() 呢？

这就是类的继承的特点，父类中的所有属性和方法都可以被子类继承，这里 Parent 类中已经有 about() 方法，子类 Child 可以直接继承并使用父类的方法。

同时也可以发现，孩子（Child）有与爸爸不同的属性，就是口味和出生地，虽然与 Parent 类中的名称相同，但在 Child 类中进行了单独声明。所以运行结果中绿色字体就是自动继承自爸爸（Parent）的属性，红色字体就是孩子（Child）自己的属性。

3. super() 方法

思考一下，我们在前面已学习类的构造方法，知道在创建对象时构造方法会被自动调用执行。那么当子类继承父类，并且创建子类的一个对象时，会执行哪个构造函数？会出现什么情况呢？

如果子类中没有定义构造方法，创建子类的一个对象时会自动调用父类的构造方法来执行。而如果子类中定义了构造方法，这个时候必须在子类的构造方法中使用 super() 方法来调用父类的构造方法，只有调用 super() 方法之后，才可以使用 this 关键字继承父类的属性，否则会报错。

为什么要先调用 super() 方法才可以使用 this 关键字？

先调用 super() 方法，是为了将父类对象的属性和方法加到 this 上面，然后才可以在子类的构造方法中通过 this 访问父类的属性并修改它。我们再来看一个例子，帮助理解这部分内容。

实例 5-14 爸爸有两个孩子，他给每个孩子 10000 元。其中一个努力工作，自己挣了 50000 元，他的财富就变成 10000+50000=60000（元）。另一个好吃懒做，不仅没挣到钱，还把爸爸给的钱花了 5000 元，他的财富就变成 10000-5000=5000（元）。如果用程序来演示，代码就是下面这样（test6.js）：

```
// 定义一个父类
class Dad{
    money=10000;
    constructor(f){
        this.money=f;
        console.log(' 这是爸爸给的钱 '+this.money);
    }
    show(name){// 该方法显示财富信息
        console.log(" 我是 "+name+" 我的财富是 "+this.money);
    }
}
// 定义一个孩子类，继承自 Dad
class Kid extends Dad{
    /**
     * @param {*} f 继承的财富
     * @param {*} s 自己创造的财富
     */
constructor(f,s){
        // 这里要先调用父类的构造方法，传入参数继承财富
        super(f);
        console.log(' 这是我赚的钱 '+s);
        // 上面调用 super() 方法，将父类实例对象的属性和方法加到 this 上面
        // 然后才可以用子类的构造函数修改 this，改变财富值
        this.money=this.money+s;
    }
}
let kid1 = new Kid(10000,50000);
kid1.show('kid1');
let kid2 = new Kid(10000,-5000);
kid2.show('kid2');
```

在上面的程序代码中，子类的构造方法有两个参数，第一个是继承爸爸的财富（f），也就是爸爸给的钱，第二个是自己赚的钱（s）；我们创建子类对象时必须传入这两个参数。在子类的构造方法中，首先调用 super(f) 方法去执行父类的构造方法，并给父类构造方法传入参数 f，得到爸爸给的钱。在得到爸爸给的钱之后，继续执行子类构造方法后面的程序，将爸爸给的钱和自己赚的钱加起来，那结果就是孩子自己的财富。

运行程序，结果如下：

```
[Running] node "d:\javascript\test6.js"
这是爸爸给的钱 10000
这是我赚的钱 50000
我是 kid1 我的财富是 60000
这是爸爸给的钱 10000
这是我赚的钱 -5000
我是 kid2 我的财富是 5000
```

在 VS Code 编辑器中新建 "test6.js"，动手试一试上面的程序，结合运行结果去理解 super() 方法的用法。

在现实生活中，爸爸可以有孩子，还会有孙子，曾孙……这样一代代往下传。在 JavaScript 中的类也是可以多级继承的，考虑到代码的复杂性，本书编写的代码都只做两层继承。

5.4.4 类的方法重写

子类重写父类的方法是在子类中重新定义父类中的某个方法（是不是有些熟悉呢？有点像 5.4.3 节讲到的子类和父类都定义了构造方法，只是构造方法比较特殊），如果子类和父类都有同样名称的方法，当子类对象调用方法时，优先执行子类中的方法，如果子类中没有这个方法，再去父类中找。

来看一个共享单车的例子，共享单车是一种特殊的单车，它增加了一些智能模块（可以定位、扫码开锁、识别还车），其本质还是单车，主要功能是骑行，所以共享单车就可以作为单车的子类，我们可以用类的继承来描述这一关系。

实例 5-15 子类重写父类的方法（test7.js）。

```javascript
class Bike{
    ride(){
        console.log(" 骑行 ");
    }
}
// 定义一个共享单车类 ShareBike 继承自 Bike
class ShareBike extends Bike{
    // 定义一个 ride() 方法，跟父类的方法相同
    ride(){
        console.log(" 扫码开锁 ");
        console.log(" 骑行 ");
        console.log(" 还车 ");
```

```
        }
    }
    shareBike=new ShareBike()
    shareBike.ride();
```

子类和父类都定义了 ride( ) 方法，当子类共享单车的对象调用 ride( ) 方法时，会执行子类中的 ride( ) 方法，所以运行结果就是这样：

```
[Running] node "d:\javascript\test7.js"
扫码开锁
骑行
还车
```

在子类的方法中还可以中使用 super 调用父类的方法，修改上面的代码：

```
class Bike{
    ride(){
        console.log(" 骑行 ");
    }
}
// 定义一个共享单车类 ShareBike 继承自 Bike
class ShareBike extends Bike{
    // 定义一个 ride() 方法，跟父类的方法相同
    ride(){
        console.log(" 扫码开锁 ");
        //console.log(" 骑行 ");
        super.ride()// 调用父类的方法
        console.log(" 还车 ");
    }
}
shareBike=new ShareBike()
shareBike.ride();
```

在 VS Code 编辑器中新建 "test7.js"，动手试一试，看看运行结果是不是一样的？

5.5 JS 与 HTML

了解并学习了这么多 JS 的基础知识，是时候展示一下 JS 的学习成果了，将 JS 与 HTML 网页结合，制作出各种交互效果。

5.5.1　JS 程序对 HTML 的控制

JS 在 HTML 网页中可以做些什么？下面我们来一起了解下。

1. 用 JS 实现页面效果

下面将展示 JS 如何直接向 HTML 写入内容，如何修改 HTML 的内容，如何改变标签样式，进而了解 JS 实现页面特殊效果的根本原理。

第一步　新建 HTML 文件

在 VS Code 编辑器中，选中"javascript"，单击上面的"新建文件"按钮，新建一个"demo1.html"文件，如图 5-18 所示。

图 5-18　在"javascript"文件夹下新建文件

第二步　快速生成 HTML 代码块

在新建的"demo1.html"文件里使用快捷键，输入"html"然后按"Enter"键，快速生成 HTML 页面，如图 5-19 所示。

```
 1  <!DOCTYPE html>
 2  <html>
 3      <head>
 4          <meta name='viewport' content='width=device-width, initial-scale=1'>
 5          <title>Document</title>
 6      </head>
 7      <body>
 8
 9      </body>
10  </html>
```

图 5-19　使用快捷键生成 HTML 框架

此时保存代码预览页面，网页上什么也不会显示，因为 <body> 标签里什么也没有。

第三步 添加 JS 代码

在 <body> 标签中添加 JS 代码，代码如下：

```html
<!DOCTYPE html>
<html>
    <head>
        <meta name='viewport' content='width=device-width,
initial-scale=1'>
        <title>Document</title>
    </head>
    <body>
        <script>
            // 直接写入 HTML
            document.write("<h1 id='title'>JS 生成的标题，3 秒后发
生改变 </h1>");
            document.write("<p> 这是 JS 生成的一个段落。</p>");
            //3 秒后改变 HTML 内容
            setTimeout(function(){
                // 根据 ID 找到元素
                x=document.getElementById("title");
                // 改变内容
                x.innerHTML=" 我改变了标题文字，3 秒后改变颜色 ";
            },3000);
            //6 秒后，改变样式
            setTimeout(function(){
                // 根据 ID 找到元素
                x=document.getElementById("title");
                // 改变样式，标题变色
                x.style.color="#ff0000";
            },6000);
        </script>
    </body>
</html>
```

在 HTML 中的 JavaScript 脚本代码必须位于 <script> 与 </script> 标签之间，这样页面运行时才会清楚 JavaScript 在何处开始和何处结束。JavaScript 脚本代码可被放置在 HTML 页面的 <body> 标签或 <head> 标签中。

setTimeout( ) 函数用来指定某个函数或某段代码，在延迟多少毫秒之后执行，setTimeout( )

方法接收两个参数，第一个参数 function 是将要推迟执行的函数名或者一段代码，第二个参数是推迟执行的毫秒数。

"id"属性是 JS 程序找到某个元素的关键，就像我们的身份证号一样，不能写错。getElementById( ) 方法通过 id 属性找到这个元素后，就可以对这个元素进行内容或样式的修改。

第四步　保存预览

保存代码，然后使用 "Open with Live Server" 在浏览器里预览，页面上会显示 JS 生成的标题和段落，等待 3 秒标题文字会自动改变，再等 3 秒标题颜色发生改变，变化过程如图 5-20 所示。

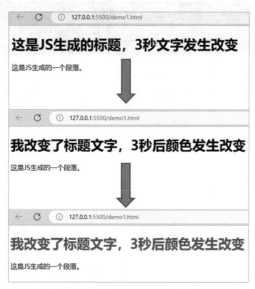

图 5-20　测试 JS 效果

让页面产生一些特殊的效果，其原理就是通过 JS 程序来改变页面元素的内容或样式。

2. 使用外部 JS

我们在前面已经学过使用外部 JS 代码文件，在 <head> 标签内加入 <script> 标签，再在 <script> 标签的 "src" 属性中设置需要引入的 JS 文件。如果要把上边这段 JS 代码放到外部文件里，然后引入该怎么操作呢？

第一步　在 VS Code 编辑器中新建 JS 文件

在同一目录下，使用 VS Code 编辑器新建一个 "demo1.js"，然后复制上面的 JS 代码粘贴到"demo1.js"文件中，如图 5-21 所示。

图 5-21　新建"demo1.js"文件

注意：在 JS 文件里的代码不包括 <script> 与 </script> 标签，标签并不是 JS 代码的一部分。

第二步 **使用外部 JS 替换**

回到"demo1.html"文件，使用刚刚新建的外部 JS 文件（demo1.js）去替换页面里的 JS 代码（demo1.html）：

```
<!DOCTYPE html>
<html>
    <head>
        <meta name='viewport' content='width=device-width,
initial-scale=1'>
        <title>Document</title>
    </head>
    <body>
        <script src="./demo1.js"></script>
    </body>
</html>
```

说明

删除原来 <body> 标签中所有的 JS 代码，用上述加黄色底纹的代码进行替换。

这样替换之后的效果是完全一样的。保存代码之后，去浏览器里预览，可以发现页面实现效果与之前的一样。

5.5.2 事件

网页的事件是指在网页运行时发生的交互动作，比如 HTML 页面完成加载（onload）、HTML input 字段改变（onchange）、鼠标单击（onclick）、键盘上某个按键被按下（onkeydown）等。通常可以在事件触发时让 JavaScript 执行一些代码，具体该如何使用呢？下面通过一个简单的实例来演示鼠标单击（onclick）事件的应用。

第一步 新建 JS 文件

在 VS Code 编辑器中新建一个"demo2.js"，然后定义一个函数，代码如下：

```
function showBox(){
    alert('你为什么要点我呀？');
}
```

alert( ) 函数是用于显示带有一条指定消息和一个"确认"按钮的信息框。

第二步 新建 HTML 文件

实例 5-16 在 VS Code 编辑器中新建一个"demo2.html"文件并使用快捷键，输入"html"然后按"Enter"键，快速生成 HTML 页面，在 \<head\> 标签中引入"demo2.js"文件，如下面加黄色底纹的代码：

```
<!DOCTYPE html>
<html>
    <head>
        <meta name='viewport' content='width=device-width, initial-scale=1'>
        <title>Document</title>
        <script src="./demo2.js"></script>
    </head>
    <body>

    </body>
</html>
```

第三步 在 <body> 标签中添加一个按钮

在第三步代码中的 <body> 标签中添加一个鼠标单击事件，如下面加黄色底纹的代码：

```
<!DOCTYPE html>
<html>
    <head>
        <meta name='viewport' content='width=device-width, initial-
scale=1'>
        <title>Document</title>
        <script src="./demo2.js"></script>
    </head>
    <body>
        <button onclick="showBox()">请不要点我</button>
    </body>
</html>
```

按钮元素中添加了"onclick"属性，当按钮被单击时会触发该属性，就会执行属性中调用的 JS 方法 showBox( )。

保存代码，在浏览器中运行，单击按钮，将会弹出提示框，如图 5-22 所示。

图 5-22　预览页面测试 JS 程序

如果修改一下 showBox( ) 方法，使用学习过的 JS 知识，给弹窗加上一个循环，那会发生什么呢？

```
function showBox(){
    for(let i=1;i<100;i++){
        alert('你为什么要点我呢？');
    }
}
```

毫不意外，你一定会有惊喜的发现……

5.5.3 灯光开关

在生活中想要使一盏小灯泡发光该怎么做呢？我们知道，需要有导线、电源和开关，将灯泡与电源用导线连接，用一个开关来控制，如图 5-23 所示。

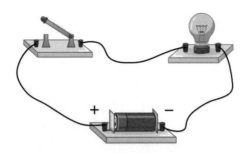

图 5-23　物理实验线路图 1

开关闭合，灯泡将会发光，如图 5-24 所示。

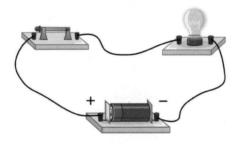

图 5-24　物理实验线路图 2

接下来我们在网页上模拟一下电路与电流的物理小实验，在网页上单击线路中的开关，改变开关状态。如果开关是打开的，单击会闭合；如果是闭合的，单击会打开。随着开关的闭合和打开，灯泡也会点亮和熄灭。

第一步　准备图片

从本章对应的下载资源文件中找到 "on.png" 和 "off.png" 两张图片，将其复制粘贴到 D 盘下的 "javascript" 目录里，如图 5-25 所示。

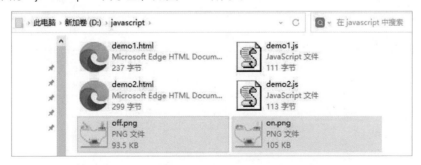

图 5-25　复制两张图片到 "javascript" 文件夹下

第二步 新建 JS 文件

在 VS Code 编辑器中新建一个"demo3.js"，然后定义一个函数，代码如下：

```javascript
function change()
{
    // 根据 id 得到 img 对象
    let element=document.getElementById('light');
    // 检索 <img> 标签 src 属性值中是否有 "on"( 图片名称 )
    if (element.src.match("on"))
    {
        // 修改 <img> 标签 src 属性值为 "./off.png"
        element.src="./off.png";
    }
    else
    {
        // 修改 <img> 标签 src 属性值为 "./on.png"
        element.src="./on.png";
    }
}
```

match( ) 方法用于检测字符串中指定的值，例如 src.match("on")，是检测 <img> 图片标签的 src 属性中是否有"on"这个关键词，如果有这个关键词则说明灯是亮着（"on.png"）的，将图片改为"off.png"，变为熄灭状态。

第三步 新建 HTML 文件

实例 5-17 在 VS Code 编辑器中新建一个"demo3.html"文件，使用快捷键输入"html"，快速生成 HTML 页面，在 <head> 标签中引入"demo3.js"文件（见加黄色底纹的代码）：

```html
<!DOCTYPE html>
<html>
    <head>
        <meta name='viewport' content='width=device-width, initial-scale=1'>
        <title>Document</title>
        <script src="./demo3.js"></script>
    </head>
    <body>
```

```
        </body>
    </html>
```

第四步 在 <body> 标签中添加图片

在第三步的代码中添加鼠标单击事件，见下面加黄色底纹的代码：

```
    <!DOCTYPE html>
    <html>
        <head>
            <meta name='viewport' content='width=device-width, initial-
scale=1'>
            <title>Document</title>
            <script src="./demo3.js"></script>
        </head>
        <body>
            <img id="light" src="./off.png" width="40%" alt=" 电流与电路 "
onclick="change()">
        </body>
    </html>
```

在 <img> 标签中添加了"onclick"属性，当按钮被单击时会触发该属性，就会执行属性中调用的 JS 方法 change( )。

保存上述代码，在浏览器中运行，单击开关，如图 5-26 所示，是否看到了预期的效果呢？

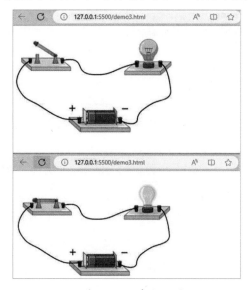

图 5-26 预览页面，单击开关测试效果

5.5.4 使用帮助手册

JavaScript 事件和内置的方法有很多，本书无法一一举例，在实践中大家可以根据实际情况选择合适的方法。对于 JS 中更多的事件和使用技巧，可查看本书下载资源文件中的"JavaScript 中文帮助手册"。

双击打开"JavaScript 中文帮助手册 .chm"，如图 5-27 所示，会看到相关的教程，重点关注左侧的"索引"选项卡，在这里有很多内置的方法和属性，还可以通过输入关键词查找相关内容的说明和使用方法。

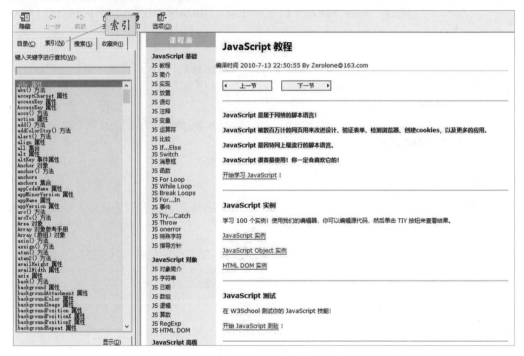

图 5-27　JavaScript 中文帮助手册

例如，我们在"搜索"选项卡下的文本框中输入"onkeydown"，右侧就会显示相关的定义和用法，还有实例，如图 5-28 所示。

帮助手册的作用就像字典一样，它涵盖了 JavaScript 语言几乎所有的内容，在学习或阅读他人的程序时，遇到了陌生的知识，使用手册查一查，这会对你的学习非常有帮助。

随着 HTML5 技术越来越成熟，运行在网页中的程序功能也越发强大，不仅可以在网页中做出十分炫酷的交互特效，还可以在网页中实现更加复杂的动画或游戏。但是，我们并不满足于此，那么，还能用网页做什么呢？

我们将在第 6 章揭晓如何利用 HTML 和 JavaScript 技术在网页中绘制和构建真正意义

上的 3D 场景，是不是有点小小的期待？接下来欢迎进入网页的 3D 世界。

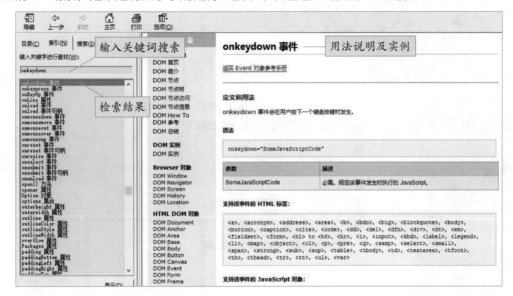

图 5-28　检索 onkeydown 事件

第 6 章

用 JavaScript 构建 3D 世界

3D 全称是 Three Dimension，也称为三维。3D 技术的底层实现是非常复杂的，不过不用担心，如今 3D 底层技术已有成熟的框架来支撑，我们要学会利用这些框架来构建自己的内容，使用不同的框架就好比我们出行选择不同的交通工具一样，可以骑车，也可以乘汽车、火车或飞机。

本章将由浅入深地结合实际案例让大家了解 3D 场景的构成原理，用 JavaScript 代码从零基础开始，敲开 3D 世界的大门。

6.1 认识 ThreeJS

ThreeJS 是一套基于 WebGL 技术的轻量级框架，广泛应用于动画制作、游戏开发、虚拟现实展示等场景中。ThreeJS 完全运行在浏览器中，将 3D 复杂的底层实现封装起来，简化了很多细节操作，大大降低了学习的门槛。ThreeJS 完全免费并且开放源代码，如果想了解 ThreeJS 底层是怎么实现的，可以直接打开它的源码进行探究。

6.1.1 ThreeJS 框架下载

"框架"是什么？通俗地讲，是一组集成必要功能的现成的工具，我们只需要按照要求规范使用，就可以很轻松地实现一些复杂的功能，比如第 4 章我们用到的 Bootstrap 就是一个前端的框架。

使用 ThreeJS 首先需要下载相关的文件。这里提醒一下，由于被广泛应用，ThreeJs 的更新是相当频繁的，自 2010 年发布第一版以来，现如今已经发布了超过 70 个版本，各版本的使用会有一些差异，代码的写法也会有些不同，如果使用错误版本有可能导致我们写的 3D 程序无法正常运行，因此，我们准备好了本章编程需要用到的全部 JS 文件。在我们的下载资源中除了有要引用的 ThreeJS 文件，还包含了其他图片及 3D 模型等素材，学习时直接将本章的素材目录复制到自己的项目目录下即可。

素材目录结构如图 6-1 所示。

图 6-1　素材目录结构

js 目录

ThreeJS 的核心文件放在 js 目录中, 如图 6-2 所示。

图 6-2 ThreeJS 的核心文件

loaders 子目录中存放的是各种动画模型加载器。

fflate.min.js 是加载 fbx 文件的辅助程序, 否则就会报错。

FirstPersonControls.js 是第一人称控制器。

OrbitControls.js 是轨道控制器。

three.js 是核心库。

6.1.2 ThreeJS 中的一些概念

在生活中想拍摄一张较高水准的照片, 我们可能需要一个专业的团队, 而在拍摄过程中有哪些环节呢? 如图 6-3 所示, 拍摄之前需要布景; 被拍摄人物要化妆, 选择服装道具; 设置灯光; 摄影师用相机拍摄; 拍好的图片在计算机上进行后期处理, 最终展示成品。

图 6-3 生活中的拍摄场景

在网页上创建一个 3D 场景跟拍摄过程非常类似, 主要由以下六个关键部分组成, 可以对照拍照的流程帮助理解。

1. 构建一个三维空间

（去哪拍？）通常我们会选择一个风景优美的地方拍照，哪怕是在室内拍照，也会选择一个漂亮的背景，这样拍出来的照片会更好看。ThreeJS 中称之为场景（Scene），场景是所有物体的容器，也是我们创建 3D 世界的基础。

2. 选择一个观察点，并确定观察方向或角度等

（拿什么拍？从什么位置拍？）为了拍出惊艳的照片，我们需要准备一台相机，专业相机可能还需要配备不同的镜头，然后选择一个最佳的拍摄角度进行构图。3D 展示也是如此，ThreeJS 中称之为相机 (Camera)，它如同我们观察者的眼睛。

3. 在场景中添加供观察的物体

（拍谁？）拍照的主角是谁？是人物还是风景？向 3D 场景中添加一个物体作为主角，ThreeJS 中的物体有很多种，包括点模型 Points、线模型 Line、网格模型 Mesh 等，具体的三维物体在后续我们会结合实际的代码来展示。

4. 物体的外观是什么样子

（选什么服装？）拍照时会根据不同的风格要求，准备很多套对应风格的服装供用户选择。在 ThreeJS 中给物体穿上"衣服"，"衣服"被称为材质，材质有很多种，需要根据不同的场景要求使用不同的材质。例如，MeshLambertMaterial，这种材质对光照有反应，用于创建暗淡的不发光的物体；MeshPhongMaterial，这种材质对光照也有反应，用于创建金属类明亮的物体等。

5. 光源

"摄影就是用光的艺术"，相机的镜头就好比我们人类的眼睛。光的强弱、光的角度，甚至光的色彩都会对摄影产生巨大的影响。ThreeJS 提供了 Light（光源）对象及其他子对象，可以使得我们非常方便地管理灯光效果，如环境光、平行光、半球光、点光源、聚光灯等。

6. 将观察到的场景展示出来

经过这一系列的工作最终要把拍摄的照片展示出来，对于 ThreeJS 来说是要把 3D 图形显示到屏幕上的指定区域，我们称为渲染，ThreeJS 中使用 Renderer 来完成这一工作。

以上六个部分在网页中都是通过 JS 代码来创建实现的，下面就让我们一起通过实践来进一步了解这些相关概念。

6.2 创建第一个 3D 场景

这一节中我们将开始在 HTML 页面中搭建一个 3D 场景，其中包含一个正在旋转的立方体。

6.2.1 准备工作

在开始创建项目之前，我们先做好准备工作，新建一个专门用于存放项目的文件夹，接下来再把相关的一些资源文件都复制到这个文件夹下，然后创建一个 HTML 页面，最终我们将会在网页里创建一个 3D 场景。

第一步 获取 ThreeJS 框架

在计算机 D 盘新建一个文件夹，命名为"study3d"，如果你的计算机没有 D 盘也可以在其他位置创建。找到本章对应的资源文件夹，打开"ThreeJS"文件夹，复制里面所有的内容并粘贴到"study3d"文件夹里，文件目录如图 6-4 所示。

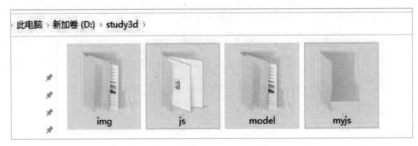

图 6-4 创建的"study3d"文件夹

第二步 将文件夹添加到工作区

打开 VS Code 编辑器，在"工作区"空白处右击，在弹出的快捷菜单中选择"将文件夹添加到工作区"命令，将创建的"study3d"文件夹添加到工作区。

第三步 新建 HTML 文件

在 VS Code 编辑器的工作区中选择"study3d"文件夹，单击"新建文件"按钮，在新增的文件上输入文件名"6.2 我的第一个 ThreeJS 程序 .html"，并使用快捷键"html"快速生成网页代码，如图 6-5 所示。

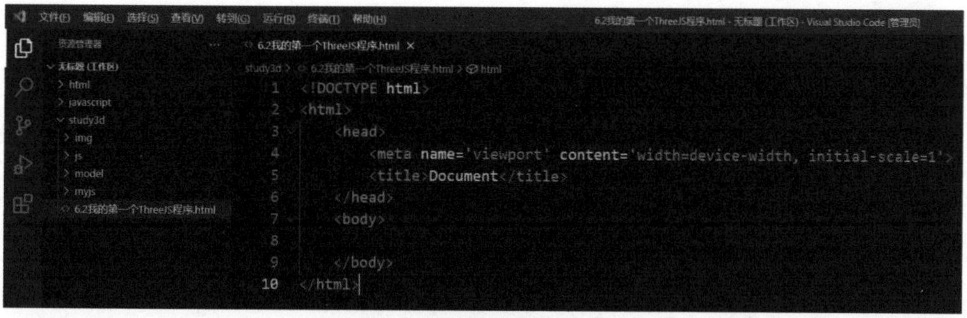

图 6-5　新建 HTML 页面

第四步　引入 ThreeJS 文件

在 HTML 的 <head> 标签中引入 ThreeJS 文件，并在 <body> 标签中添加 <script> 标签，后面将会在这个标签里添加 JS 代码，实现 3D 场景的搭建，代码如下：

```html
<!DOCTYPE html>
<html>
    <head>
        <meta name='viewport' content='width=device-width,
initial-scale=1'>
        <title>Document</title>
        <script src="./js/three.js"></script>
    </head>
    <body>
        <script>
            // 添加自己的代码，搭建 3D 场景

        </script>
    </body>
</html>
```

说明

上述加黄色底纹的代码引入了 ThreeJS 文件，红色字体为添加了 <script> 标签，后续程序的代码就在 <script> 标签中添加。

6.2.2　代码实现

准备工作完成之后，根据生成 3D 场景的六个关键组成部分，自己动手在 HTML 页面中添加 JS 代码完成这个场景的搭建。

第一步 创建场景

在 <body> 标签中的 <script> 标签内添加 JS 代码，创建场景（Scene）。下面代码中加黄色底纹的部分为在 <script> 标签内添加的代码：

```
<body>
  <script>
    // 添加自己的代码，搭建 3D 场景
    const scene=new THREE.Scene();// 创建场景
  </script>
</body>
```

在第 5 章中，我们通过学习知道使用"new 类名 ( )"的方式可以创建对象，那为什么类名前还有"THREE."呢？在 ThreeJS 中以"THREE."开头的类都可以理解为 THREE 类型的内部类，这样的类还有很多，它们都由 ThreeJS 提供。

第二步 添加相机

ThreeJS 中常用的相机对象有正交相机（OrthographicCamera）和透视投影相机（PerspectiveCamera），我们对这两种相机对象建立一个基本的印象，知道什么样的场景要选择哪种相机即可。

这里我们用的是透视投影相机，透视投影相机跟我们人眼一样，观察到的物体远小近大。而正交相机不像我们的人眼，它观察到的是远近一样大。本书中我们采用的都是透视投影相机。

在 ThreeJS 中创建透视相机对象需要四个参数，格式如下：

```
var camera = new THREE.PerspectiveCamera(fov,aspect,near,far);
```

我们结合图 6-6 来说明上述代码中的这四个参数：

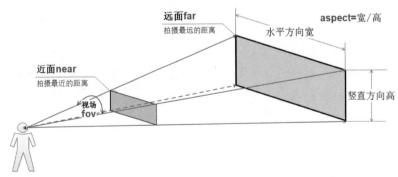

图 6-6 相机参数说明

· **拍摄视场 fov：** fov 表示视场，所谓视场是能够看到的角度范围，人的眼睛大约能够看到 180° 的视场，视角大小设置要根据具体应用，一般游戏会设置视角大小为 60° ~ 90°。

· **宽高比 aspect：** window.innerWidth 和 window.innerHeight 表示网页窗口内部的宽度和高度，用宽度除以高度计算出宽与高的比值。

· **最近距离 near：** 相机拍摄的最近距离，小于该值的地方拍不到，一般情况会设置一个很小的值，默认值为 0.1。

· **最远距离 far：** 相机拍摄的最远距离，大于该值的地方拍不到，如果设置的值偏大，会有部分场景看不到，默认值为 1000。

相机拍摄的范围是大于或等于最近距离，小于或等于最远距离。

创建相机的代码如下：

```
// 计算好宽高比值
const aspect=window.innerWidth/window.innerHeight;
// 创建一个透视投影相机
const camera = new THREE.PerspectiveCamera(75,aspect,0.1,1000);
```

把创建相机的代码放在创建场景的代码下面，我们就完成了相机对象的创建。

第三步 添加物体

有了相机，接下来就要指定拍摄的对象，这个对象可以是球体、立方体、圆柱体，当然还有更复杂的 3D 模型（由多个简单的几何体构成），我们先来创建一个立方体。

继续添加生成一个立方体对象的代码：

```
// 创建一个立方体，长宽高都是 10
const geometry=new THREE.BoxGeometry(10,10,10);
```

第四步 添加材质

立方体创建好了，那这个立方体是土块、石块？还是金属块？这就是ThreeJS 中的材质，我们选用 "MeshBasicMaterial" 这种材质，这种材质会发光，就像萤火虫一样，没有灯光的夜晚也能看到它。代码如下：

```
// 创建一个红色的材质（荧光材料，自带光源）
const material=new THREE.MeshBasicMaterial({color:0xff0000});
```

就像在 CSS 样式中设置颜色一样，通过"color:0xff0000"可以将材质设置为红色。

几何体和材质都准备好了，现在需要采用一个 Mesh 对象将材质贴在几何体的表面，就好比给人穿上衣服。代码如下：

```
// 将材质贴在立方体表面
const cube=new THREE.Mesh(geometry,material);
```

最后一定要记住，将立方体加到场景中，好比拍摄对象换好服装要到拍照现场，摄影师才可以拍到，因此添加如下代码：

```
// 将立方体加入场景中
scene.add(cube);
```

第五步 灯光

接下来就应该添加光源，我们用的是发光材质，就像萤火虫会自己发光，即使在没有光照的情况下我们也能看到它，所以就先跳过添加灯光步骤，后面我们用到非发光材质的时候再加上光源。

第六步 渲染

渲染是要将相机拍摄到的场景展示出来，渲染器需要设置它的范围大小，还需要将渲染结果放到某个地方来显示，这里我们使用"document.body.appendChild( )"方法将渲染的结果放到 HTML 网页中的 <body> 里显示。

```
// 创建渲染器
const renderer=new THREE.WebGLRenderer();
// 设置渲染范围
renderer.setSize(window.innerWidth,window.innerHeight);
// 将渲染结果放在 HTML 的 body 中显示
document.body.appendChild(renderer.domElement);
// 执行渲染操作，指定场景、相机作为参数
renderer.render(scene, camera);
```

3D 场景构建完毕了，是不是想迫不及待地看看效果？保存代码，使用"Open with Live Server"预览一下，看看在网页上看到什么？

很遗憾，网页里一片漆黑，如图 6-7 所示，为什么会这样呢？

图 6-7　效果预览

默认情况下，当我们将物体添加到场景中的时候，物体将会被添加到场景的中心位置（0，0，0）坐标，如果没有指定相机位置，相机也会放在场景的中心位置，这样相机和立方体位置重合在一起，如图 6-8 所示，这就如同把相机放在立方体内部去拍整个立方体，自然是无法正常拍摄立方体，所以在网页上看到的是一片漆黑。

图 6-8　相机在立方体内部

怎么解决这个问题呢？我们只需要设置相机位置，将相机移到立方体的外面来，并将相机对准立方体的方向拍摄就可以了，如图 6-9 所示。

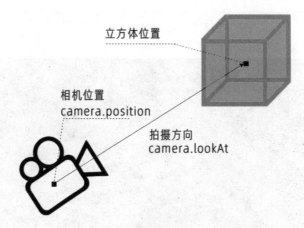

图 6-9　将相机移到立方体外

　　在创建相机的代码后面添加代码，设置相机的位置为（20，20，20），并将相机对准立方体的位置（0，0，0）。

```
// 调整相机的位置
camera.position.set(20,20,20);
// 将相机对准立方体拍照
camera.lookAt(0,0,0);
```

保存代码，再到浏览器进行预览，效果如图 6-10 所示。

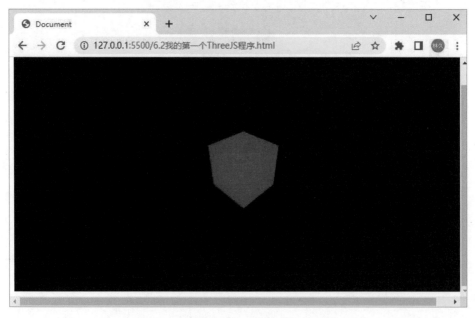

图 6-10　预览效果，显示出了立方体

至此，我们已经可以在 3D 场景中显示一个物体了，下面是完整代码。

```html
<!DOCTYPE html>
<html>
    <head>
        <meta name='viewport' content='width=device-width,
initial-scale=1'>
        <title>Document</title>
        <script src="./js/three.js"></script>
    </head>
    <body>
        <script>
            // 添加自己的代码，搭建 3D 场景
            const scene=new THREE.Scene();// 创建场景
            // 计算好宽高比值
            const ratio=window.innerWidth/window.innerHeight;
            // 创建一个透视投影相机
            const camera = new THREE.PerspectiveCamera(75,ratio,
0.1,1000 );

            // 调整相机的位置
            camera.position.set(20,20,20);
            // 将相机对准立方体拍照
            camera.lookAt(0,0,0);
            // 创建一个立方体，长宽高都是 10
            const geometry=new THREE.BoxGeometry(10,10,10);
            // 创建一个红色的材质（荧光材料，自带光源）
            const material=new THREE.MeshBasicMaterial({color:
0xff0000});

            // 将材质贴在立方体表面
            const cube=new THREE.Mesh(geometry,material);
            // 将立方体加入场景中
            scene.add(cube);
            // 创建渲染器
            const renderer=new THREE.WebGLRenderer();
            // 设置渲染范围
            renderer.setSize(window.innerWidth,window.
innerHeight);
            // 将渲染结果放在 HTML 的 body 中显示
            document.body.appendChild(renderer.domElement);
```

```
              // 执行渲染操作，指定场景、相机作为参数
              renderer.render(scene, camera);
          </script>
      </body>
  </html>
```

6.2.3　三维坐标系

在三维世界中，任何一个物体的位置都可以用三维坐标来确定，例如 6.2.2 节中设置相机的位置为（20，20，20），立方体的位置为（0，0，0）。下面我们来认识一下三维坐标系，在 ThreeJS 中使用常见的右手坐标系定位，如图 6-11 所示。

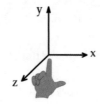

图 6-11　三维右手坐标系

在右手坐标系中，x 轴、y 轴和 z 轴的正方向按如下规定：把右手放在原点的位置，使大拇指、食指和中指互成直角，把大拇指指向 x 轴的正方向，食指指向 y 轴的正方向时，中指所指的方向就是 z 轴的正方向。

在三维空间中，任何一个点的位置都可以通过三维坐标 P(a,b,c) 来确定，其中 a、b、c 分别是 x 轴、y 轴和 z 轴的坐标值，如图 6-12 所示，三维坐标其实是在平面坐标的基础上增加了一个 z 值。

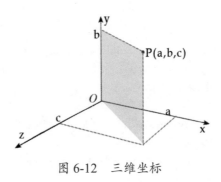

图 6-12　三维坐标

6.2.4　旋转物体

在了解了三维坐标系的概念后，我们接下来做一件更加有趣的事 —— 让立方体旋转起

来。如何让物体旋转起来呢？

在 ThreeJS 中可以通过 rotation 设置旋转，这样还不够，根据动画的原理，还需要在物体每次旋转一个角度后渲染一次，每次渲染相当于拍一张照片，然后快速播放这些照片，这些连续变化的图像就形成了一个动画，在视觉上就看到物体转动起来了。

弄明白了原理之后，再来修改一下代码：

```
// 定义 run() 方法
function run(){
    // 渲染
    renderer.render(scene,camera);
    // 递归调用函数，就是不断调用自己实现连续拍照
    requestAnimationFrame(run);
    // 立方体围绕 x 轴旋转，可以调节 0.1 实现旋转的快慢
    cube.rotation.x=cube.rotation.x+0.1;
}
// 执行 run() 方法
run();
```

在上面的代码中自定义一个 run() 方法用于执行渲染，然后使用 requestAnimationFrame(run) 让浏览器不断地调用执行这个 run() 方法刷新页面。cube.rotation.x 立方体围绕 x 轴旋转，通常是每秒 60 次渲染刷新，可以理解为每秒拍 60 张照片，并连续播放这 60 张照片，就有了一个看起来很不错的旋转动画。

将这段代码添加在执行渲染操作的后面,保存程序,运行一下,看到转动的立方体了吗?恭喜你！你现在已经成功地完成了你的第一个 ThreeJS 应用程序，虽然场景看起来有点简单，但是你已经迈入了 3D 世界的大门，很值得庆祝。

实例 6-1　下面是完整代码（6.2 我的第一个 ThreeJS 程序 .html），你可以尝试修改一些参数，看看有什么变化，帮助你理解它是如何工作的。

```
<!DOCTYPE html>
<html>
    <head>
        <meta name='viewport' content='width=device-width,
initial-scale=1'>
        <title>Document</title>
        <script src="./js/three.js"></script>
    </head>
    <body>
```

179

```
<script>
        // 添加自己的代码，搭建 3D 场景
        const scene=new THREE.Scene();// 创建场景
        // 计算好宽高比值
        const ratio=window.innerWidth/window.innerHeight;
        // 创建一个透视投影相机
        const camera = new THREE.
PerspectiveCamera(75,ratio,0.1, 1000 );
        // 调整相机的位置
        camera.position.set(20,20,20);
        // 将相机对准立方体拍照
        camera.lookAt(0,0,0);
        // 创建一个立方体，长宽高都是 10
        const geometry=new THREE.BoxGeometry(10,10,10);
        // 创建一个红色的材质（荧光材料，自带光源）
        const material=new THREE.MeshBasicMaterial({color:
0xff0000});
        // 将材质贴在立方体表面
        const cube=new THREE.Mesh(geometry,material);
        // 将立方体加入场景中
        scene.add(cube);
        // 创建渲染器
        const renderer=new THREE.WebGLRenderer();
        // 设置渲染范围
        renderer.setSize(window.innerWidth,window.
innerHeight);
        // 将渲染结果放在 HTML 的 body 中显示
        document.body.appendChild(renderer.domElement);
        // 执行渲染操作，指定场景、相机作为参数
        renderer.render(scene, camera);
        // 定义 run() 方法
        function run(){
            // 渲染
            renderer.render(scene,camera);
            // 递归调用函数，就是不断调用自己实现连续拍照
            requestAnimationFrame(run);
            // 立方体围绕 x 轴旋转，可以调节 0.1 实现旋转的快慢
            cube.rotation.x=cube.rotation.x+0.1;
        }
```

```
        // 执行 run 方法
        run();
    </script>
    </body>
</html>
```

6.3 场景升级

虽然我们的第一个程序有些简单，但是看到效果的那一刻还是令人非常兴奋的，何不趁热打铁，再对这个场景进行一些升级？接下来让我们给物体更换材质，加入灯光和其他一些几何体吧。

6.3.1 更换材质

为了节省时间，提高效率，将6.2节写好的代码文件"6.2我的第一个ThreeJS程序.html"进行复制，然后粘贴到当前目录，修改名称为"6.3场景升级.html"，目录文件如图6-13所示。

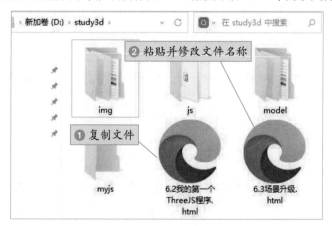

图 6-13　复制 HTML 文件并改名

通过前面的学习，我们在网页中显示了一个 3D 模型。由于这个立方体是自带光源的，看上去棱角并不分明，因此我们尝试对它更换一下材质，换成感光材料，也就是自身并不会发光，需要通过光照才能看见它。

在 VS Code 编辑器中打开"6.3 场景升级 .html"，由于是复制生成的 HTML 文件，所以代码跟"6.2 我的第一个 ThreeJS 程序 .html"完全一样，找到创建材质的代码，将之前的 MeshBasicMaterial 材质（注释掉）更换为 MeshLambertMaterial 材质，代码修改如下：

```
// 创建一个红色的材质（荧光材料，自带光源）
// const material=new THREE.MeshBasicMaterial({color:0xff0000});
// 更换材质为感光材料
const material=new THREE.MeshLambertMaterial({color:0xff0000});
```

保存程序代码，在浏览器中进行预览，发现背景一片漆黑，这是为什么呢？你一定猜到了，因为这个材质不会发光，在没有灯光的情况下，就像漆黑的夜晚里不会自身发光的物体，我们看不见它。

6.3.2　添加光源

就像职业摄影师拍照需要打灯一样，多数三维场景也需要设置光源对象，通过不同的光源达到不同的光照效果，尤其是为了提高 ThreeJS 的渲染效果，有些场景需要设置多个光源。我们来认识一下几种常见光源：环境光、点光源、平行光和聚光灯，如图 6-14 所示。

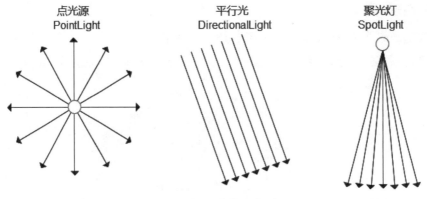

图 6-14　几种常见光源

1）环境光（AmbientLight）

环境光是没有方向的，可以均匀整体改变物体表面的明暗效果，不需要设置光源位置。这一点和具有方向的光源不同，比如点光源可以让物体表面不同区域明暗程度不同。

2）点光源（PointLight）

点光源是从光源点发出光，沿周边 360° 发散，比如我们使用的电灯泡。在点光源照射下，同一个平面的不同区域会呈现出不同的明暗效果。和环境光不同，点光源需要设置位置（position）属性，光源位置不同，物体表面被照亮的区域不同，远近不同，因为衰减明暗程度也不同。

3）平行光（DirectionalLight）

顾名思义，平行光的光线是平行的，它会向某个方向照过去。点光源因为是向四周发散，所以设置好位置属性，它周围的物体都会被照亮，对于平行光而言，仅仅设置光线的位置（position）是不够的，还要确定光线的方向，也就是照向的目标（target），通过这两个属性一起来确定平行光。比如，太阳离我们非常遥远，就可以把阳光看作平行光从无限远的地方照射过来。

4）聚光灯（SpotLight）

聚光灯跟我们手电筒的原理差不多，从光源点沿着特定方向逐渐发散，光束是一个圆锥状。由于聚光灯的光也是有方向的，所以跟平行光一样，也需要用位置（position）和目标（target）两个属性来确定。

在对灯光有了一个初步的印象之后，我们通过代码添加一个聚光灯来看一下效果。

```javascript
// 创建一个聚光灯， 0x 表示十六进制，fffff 表示白色
const spotLight=new THREE.SpotLight(0xfffff);
// 灯光的位置
spotLight.position.set(50,50,50);
// 聚光灯光源指向贴了材质的模型 cube
spotLight.target = cube;
// 将光源加到场景中
scene.add(spotLight);
```

将这段代码添加在"6.3 场景升级 .html"的 JS 程序后面，保存代码后在浏览器中进行预览，对比 6.2 节做出的效果，如图 6-15 所示，可以发现感光材质在灯光下看起来更有质感，棱角分明。

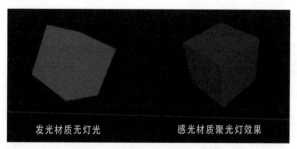

图 6-15　不同材质效果对比

虽然添加了聚光灯，但是目前我们看不到灯光在哪，ThreeJS 提供了一些光源辅助对象，可以可视化显示光源对象，方便调试代码，查看灯光的位置和方向。

在上面的代码后面继续添加代码，来添加聚光灯的辅助对象。

```
// 创建聚光灯辅助观察
const spotLightHelper=new THREE.SpotLightHelper(spotLight,0x00ff00);
// 将聚光灯辅助观察加入场景中就能看到光源的位置及投射方向
scene.add(spotLightHelper);
```

保存代码，预览效果，你能看到绿色的光线吗？

"咦？我怎么没有看到，没有任何变化啊！"

哈哈，聚光灯在你的脑后，你怎么看得到呢？我们讲过，相机就相当于我们的眼睛，我们把相机放在了聚光灯前面，自然看不到灯光的位置，解决办法有两种。

第一种，改变相机的位置，将它移得更远，比如位置为（100，100，100），效果如图6-16所示，可以看到显示出绿色线条，即为聚光灯的光线。

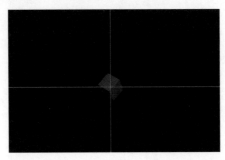

图 6-16　聚光灯的辅助对象

第二种，换个角度去找聚光灯，其实原理也是改变相机位置，但是这个更高级，可以使得相机围绕目标进行轨道运动，就像天上的卫星，可以从不同的位置和角度给地球拍照，称为轨道控制器（Orbit Controls）。

6.3.3　轨道控制器

要使用轨道控制器，就需要先引入"OrbitControls.js"文件，像引入"three.js"一样，把它放在 <head> 标签里，这里要注意"OrbitControls.js"要放在"three.js"之后，顺序不能错，不然会报错。

```
<head>
  <meta name='viewport' content='width=device-width, initial-scale=1'>
  <title>Document</title>
  <script src="./js/three.js"></script>
  <script src="./js/OrbitControls.js"></script>
</head>
```

然后创建轨道控制器对象，在 JS 代码后面添加程序：

```
// 创建轨道控制器对象
const control=new THREE.OrbitControls(camera,renderer.domElement);
```

OrbitControls 的构造方法中有两个参数，第一个参数"camera"是相机，可以用鼠标来控制相机的镜头自由转动及放大缩小，第二个参数"renderer.domElement"表示要渲染的元素。

保存代码，再次预览效果，滚动鼠标滚轮可以对场景体进行缩放，按住鼠标左键不松开，移动鼠标可以改变视角，从不同的角度去观察物体，这样就能清楚地看到聚光灯的光线效果。如图 6-17 所示，在背光的地方物体的表面就有明显的黑色阴影。

图 6-17　添加轨道控制器后的效果

除了这些常见的光源，ThreeJS 还有其他类型的光源，在此不一一举例，到底该用哪种光源，我们要根据实际情况进行选择，可选择不同的光源或多种光源组合。

6.3.4　ThreeJS 中的颜色

在ThreeJS中颜色采用6位十六进制数表示，例如"color:0xff0000"，"0x"表示十六进制，"ff0000"为颜色值。常用的颜色有：白色（0xffffff）、红色（0xff0000）、绿色（0x00ff00）、蓝色（0x0000ff）、黑色（0x000000）。

如果你的计算机安装有专业的图像处理软件（如 Photoshop 等），可以通过软件的拾色器挑选颜色，获得对应的十六进制颜色值，如图 6-18 所示。

图 6-18　Photoshop 拾色器

你也可以参考图 6-19 所示的颜色卡，选择喜欢的颜色。

#FFFFFF	#DDDDDD	#AAAAAA	#888888	#666666	#444444	#000000
#FFB7DD	#FF88C2	#FF44AA	#FF0088	#C10066	#A20055	#8C0044
#FFCCCC	#FF8888	#FF3333	#FF0000	#CC0000	#AA0000	#880000
#FFC8B4	#FFA488	#FF7744	#FF5511	#E63F00	#C63300	#A42D00
#FFDDAA	#FFBB66	#FFAA33	#FF8800	#EE7700	#CC6600	#BB5500
#FFEE99	#FFDD55	#FFCC22	#FFBB00	#DDAA00	#AA7700	#886600
#FFFFBB	#FFFF77	#FFFF33	#FFFF00	#EEEE00	#BBBB00	#888800
#EEFFBB	#DDFF77	#CCFF33	#BBFF00	#99DD00	#88AA00	#668800
#CCFF99	#BBFF66	#99FF33	#77FF00	#66DD00	#55AA00	#227700
#99FF99	#66FF66	#33FF33	#00FF00	#00DD00	#00AA00	#008800
#BBFFEE	#77FFCC	#33FFAA	#00FF99	#00DD77	#00AA55	#008844
#AAFFEE	#77FFEE	#33FFDD	#00FFCC	#00DDAA	#00AA88	#008866
#99FFFF	#66FFFF	#33FFFF	#00FFFF	#00DDDD	#00AAAA	#008888
#CCEEFF	#77DDFF	#33CCFF	#00BBFF	#009FCC	#0088A8	#007799
#CCDDFF	#99BBFF	#5599FF	#0066FF	#0044BB	#003C9D	#003377
#CCCCFF	#9999FF	#5555FF	#0000FF	#0000CC	#0000AA	#000088
#CCBBFF	#9F88FF	#7744FF	#5500FF	#4400CC	#2200AA	#220088
#D1BBFF	#B088FF	#9955FF	#7700FF	#5500DD	#4400B3	#3A0088
#E8CCFF	#D28EFF	#B94FFF	#9900FF	#7700BB	#66009D	#550088
#F0BBFF	#E38EFF	#E93EFF	#CC00FF	#A500CC	#7A0099	#660077
#FFB3FF	#FF77FF	#FF3EFF	#FF00FF	#CC00CC	#990099	#770077

图 6-19　颜色卡

这是常见颜色的十六进制表，在使用它们的时候将前面的"#"换成"0x"即可，比如我们看到粉色是"#FF44AA"（第二行第三列），要换成"0xFF44AA"或"0xff44aa"（字母不区分大小写）。接下来我们将在场景里再添加几个几何体，给它们设置不同的颜色。

6.3.5 添加多个物体

我们已经用 JavaScript 在三维空间中构建了一个立方体并能够控制它的旋转或缩放，但整个黑色的背景中就只有一个立方体，显得有些单调。除了立方体，常见的几何体还有球体、圆柱体、圆椎体等，我们来尝试在 3D 空间中增加几个几何体模型。

1. 添加一个球体

使用 ThreeJS 的球体类 SphereGeometry 创建一个球体对象，在之前的 JS 代码后面继续添加以下代码，创建一个绿色的球体。为了让这个绿色的球体不要跟红色的立方体重合，我们需要改变球体的坐标为 (0,20,0)。

```
// 创建一个球体，5 表示半径
const sphereGeometry=new THREE.SphereGeometry(5);
// 设置材质为绿色 0x00ff00
const sphereMaterial=new THREE.MeshLambertMaterial({color:0x00ff00});
// 合成一个球体
const sphere=new THREE.Mesh(sphereGeometry,sphereMaterial);
// 设置球体的 y 坐标为 20，放在立方体的上方
sphere.position.set(0,20,0);
// 将球体加入场景
scene.add(sphere);
```

将代码进行保存，并预览效果，如图 6-20 所示。

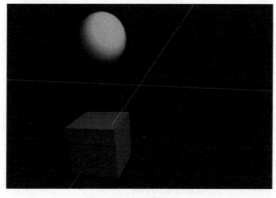

图 6-20　添加球体效果

2. 添加一个圆柱体

使用 ThreeJS 的圆柱体类 CylinderGeometry 创建一个圆柱体对象，添加以下代码创建一个蓝色的圆柱体，参数的含义参见代码注释。

```
/* 创建一个圆柱体，参数分别为：
圆柱体的顶部和底部半径（3）
圆柱体高（15）
圆柱体侧面数（100），数字越大越圆 */
const cgeometry = new THREE.CylinderGeometry(3,3,15,100);
const cmaterial = new THREE.MeshLambertMaterial( {color: 0x196085} );
const cylinder = new THREE.Mesh( cgeometry,cmaterial );
// 设置圆柱体的坐标
cylinder.position.set(20,0,0);
scene.add(cylinder);
```

将代码进行保存，并预览效果，如图 6-21 所示。

图 6-21　添加圆柱体效果

3. 添加一个圆锥体

圆锥体是圆柱体的一个特例，同样是使用 CylinderGeometry 类创建圆锥体对象，但需要将圆柱体顶部的半径设置为 0，即可变成圆锥体。添加以下代码创建一个黄色的圆锥体，我们将圆锥体放在 (-20,0,0) 的位置。

```
// 创建一个圆锥体，参数分别为：
const cgeometry2 = new THREE.CylinderGeometry(0,3,15,100);
const cmaterial2 = new THREE.MeshLambertMaterial( {color: 0xffff00} );
const cylinder2 = new THREE.Mesh(cgeometry2,cmaterial2);
// 设置圆锥体的坐标
cylinder2.position.set(-20,0,0);
scene.add(cylinder2);
```

将代码进行保存，并预览效果，如图 6-22 所示。

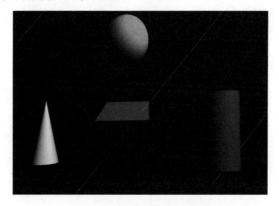

图 6-22 添加圆锥体效果

4. 添加辅助参考格线

用 GridHelper 类来增加一个地面的辅助参考坐标格，在三维空间会出现一个平面网格，像地砖一样的效果。用 AxesHelper 类生成三维坐标轴辅助对象，简单模拟 3 个坐标轴，红色代表 x 轴，绿色代表 y 轴，蓝色代表 z 轴。

```
// 创建一个地面网格参考，长宽各为1000，格子数为100
const grid=new THREE.GridHelper(1000,100);
scene.add(grid);
// 创建三维参考坐标轴，红色代表 x 轴，绿色代表 y 轴，蓝色代表 z 轴
const axesHelper=new THREE.AxesHelper(1000,1000,1000);
scene.add(axesHelper);
```

添加代码，保存后在浏览器中进行预览，效果如图 6-23 所示，这些辅助对象主要用于调试程序，对物体的空间位置做出参考。

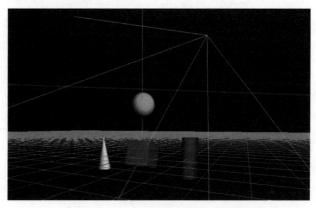

图 6-23 地面的辅助参考坐标格

189

以上我们添加了几个常用的几何立体图形，当然如果需要了解更多的几何体，可以查阅 ThreeJS 的官方文档（https://threejs.org/docs/），在官方文档中有具体的使用说明和代码示例。

实例 6-2　下面是本节程序的完整代码（6.3 场景升级 .html）。

```html
<!DOCTYPE html>
<html>
    <head>
        <meta name='viewport' content='width=device-width, initial-scale=1'>
        <title>Document</title>
        <script src="./js/three.js"></script>
        <script src="./js/OrbitControls.js"></script>
    </head>
    <body>
        <script>
            // 添加自己的代码，搭建 3D 场景
            const scene=new THREE.Scene();// 创建场景
            // 计算好宽高比值
            const ratio=window.innerWidth/window.innerHeight;
            // 创建一个透视投影相机
            const camera = new THREE.PerspectiveCamera(
75,ratio, 0.1, 1000 );
            // 调整相机的位置
            camera.position.set(20,20,20);
            // 将相机对准立方体拍照
            camera.lookAt(0,0,0);
            // 创建一个立方体，长宽高都是 10
            const geometry=new THREE.BoxGeometry(10,10,10);
            // 创建一个红色的材质（荧光材料，自带光源）
            // const material=new THREE.MeshBasicMaterial({color:
0xff0000});
            // 更换材质为感光材料
            const material=new THREE.MeshLambertMaterial({color:
0xff0000});
            // 将材质贴在立方体表面
            const cube=new THREE.Mesh(geometry,material);
            // 将立方体加入场景中
```

```
                scene.add(cube);
                // 创建渲染器
                const renderer=new THREE.WebGLRenderer();
                // 设置渲染范围
                renderer.setSize(window.innerWidth,window.
innerHeight);
                // 将渲染结果放在 HTML 的 body 中显示
                document.body.appendChild(renderer.domElement);
                // 执行渲染操作，指定场景、相机作为参数
                renderer.render(scene, camera);
                // 定义 run() 方法
                function run(){
                    // 渲染
                    renderer.render(scene,camera);
                    // 递归调用函数，就是不断调用自己实现连续拍照
                    requestAnimationFrame(run);
                    // 旋转立方体的 x 坐标，可以调节 0.1 实现旋转的快慢
                    cube.rotation.x=cube.rotation.x+0.1;
                }
                // 执行 run() 方法
                run();
                // 创建一个聚光灯， 0x 表示十六进制，fffff 表示白色
                const spotLight=new THREE.SpotLight(0xfffff);
                // 灯光的位置
                spotLight.position.set(30,30,30);
                // 聚光灯光源指向贴了材质的模型 cube
                spotLight.target = cube;
                // 将光源加到场景中
                scene.add(spotLight);
                // 创建聚光灯辅助观察
                const spotLightHelper=new THREE.SpotLightHelper
(spotLight,0x00ff00);
                // 将聚光灯辅助观察加入场景中就能看到光源的位置及投射方向
                scene.add(spotLightHelper);
                // 创建轨道控制器对象
                const control=new THREE.
OrbitControls(camera,renderer.domElement);
                // 创建一个球体，5 表示半径
                const sphereGeometry=new THREE.SphereGeometry(5);
```

```
                          // 设置材质为绿色 0x00ff00
                          const sphereMaterial=new THREE.MeshLambertMaterial({color:
0x00ff00}));

                          // 合成一个球体
                          const sphere=new THREE.Mesh(sphereGeometry,sphereMaterial);
                          // 设置球体的 y 坐标为 20，放在立方体的上方
                          sphere.position.set(0,20,0);
                          // 将球体加入场景
                          scene.add(sphere);

                          /* 创建一个圆柱体，参数分别为：
                          圆柱体的顶部和底部半径（3）
                          圆柱体高（15）
                          圆柱体侧面数（100），数字越大越圆 */
                          const cgeometry = new THREE.CylinderGeometry(3,3,15,100);
                          const cmaterial = new THREE.MeshLambertMaterial( {color:
0x196085} );

                          const cylinder = new THREE.Mesh( cgeometry,cmaterial );
                          // 设置圆柱体的坐标
                          cylinder.position.set(20,0,0);
                          scene.add( cylinder );

                          // 创建一个圆锥体，参数分别为：
                          const cgeometry2 = new THREE.
CylinderGeometry(0,3,15,100);
                          const cmaterial2 = new THREE.MeshLambertMaterial
( {color: 0xffff00} );
                          const cylinder2 = new THREE.Mesh(cgeometry2,cmaterial2);
                          // 设置圆锥体的坐标
                          cylinder2.position.set(-20,0,0);
                          scene.add(cylinder2);

                          // 创建一个地面网格参考，长宽各为1000，格子数为100
                          const grid=new THREE.GridHelper(1000,100);
                          scene.add(grid);
                          // 创建三维参考坐标轴，红色代表 x 轴，绿色代表 y 轴，蓝色
                          // 代表 z 轴
                          const axesHelper=new THREE.
AxesHelper(1000,1000,1000);
```

```
                        scene.add(axesHelper);

            </script>
        </body>
    </html>
```

 6.4 面向对象编程构建 3D 场景

通过前面内容的学习可以发现，每当我们创建一个新的 3D 场景时，都需要按照关键步骤创建场景、添加摄像机、设置灯光和渲染器等这些重复性操作。虽然我们可以从之前的代码中进行复制，然后粘贴代码再去调整参数，但这样也是非常不方便的，甚至可能出现错误。如果我们像 6.3 节那样不断地添加物体，代码堆叠越来越多，比如可能会超过 1000 行，导致代码的可读性大大降低。此外，在修改代码的时候，查找起来也会很麻烦，可能会带来不少意想不到的问题。

有没有什么好的方法来将代码尽量简化，减少重复复制、粘贴、修改操作，让代码便于阅读和修改呢？那就需要使用面向对象的思路来进一步规避这些问题。

第 5 章我们学习了面向对象的编程，在前面创建 3D 场景时，我们已经用了 ThreeJS 提供的许多类（标准类）来创建各种对象，非常方便，只需要几行代码就可以实现，这就是面向对象的方式。我们来梳理一下用过的 ThreeJS 标准类，见表 6-1。

表 6-1　ThreeJS 标准类

基本对象	Scene（场景），PerspectiveCamera（摄像机），WebGLRenderer（渲染器），OrbitControls（控制器），MeshBasicMaterial（基础网格材质），MeshLambertMaterial（感光网格材质）
几何体	BoxGeometry(立方体)，SphereGeometry(球体)，CylinderGeometry(圆柱体)
光源	SpotLight（聚光灯），PointLight（点光源），DirectionalLight（平行光），AmbientLight（环境光）
辅助对象	GridHelper（坐标格辅助对象），AxesHelper（坐标轴辅助对象），SpotLightHelper（聚光灯辅助对象）

使用这些标准类创建对象的时候，我们只需要填写必要的参数，便可以得到想要的效果。我们不用关心这些类的内部怎样实现效果，这就是面向对象编程的封装性（类似功能

整合），将细节封装在类的内部。对于初学者来说，我们目前只需关心如何使用它们即可，当然如果你有兴趣想了解这些类的内部如何实现，可以查看 ThreeJS 的源代码。

　　回想一下我们之前构建 3D 场景来展示立方体的过程，这可以想象成一个人（立方体）想去拍一组写真，他会去找影楼或者专业拍摄团队，这个团队需要有打灯的、拍照的等，人员分工的示意如图 6-24 所示，我们把这些涉及的人都称为对象。

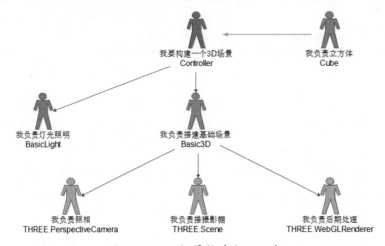

图 6-24　3D 场景构建分工示意

　　根据图 6-24，我们可以用 ThreeJS 提供的对象（以"THREE."开头）进一步进行封装，编写我们自己使用的类：Basic3D，BasicLight，Controller，Cube。

1. Basic3D（构建 3D 基础）

用于构建基本的 3D 场景要素，这个类完成场景、相机、渲染器对象的创建。

2. BasicLight（提供灯光照明）

该类用于提供基本的灯光效果,采用两个点光源和一个环境光源来提供3D场景的照明。

3. Controller（控制中心）

　　这是一个控制类，也是 3D 场景的入口类，它会自动创建 Basic3D 和 BasicLight 对象，生成场景和灯光，这样把 3D 场景的基础都建好了。这个类还可以通过参数控制是否使用网格辅助线，通过网格辅助线了解 3D 模型在 3D 场景中的哪个位置，另外还需要在这个类中接入相机控制器，才能控制 3D 场景及对象的转动。

4. Cube（一个立方体）

　　该类用于创建一个感光材质的立方体，并将创建好的立方体添加到 3D 场景中。定义上面这些类的目的是将创建一个新的 3D 场景的过程中所涉及的部分进行封装，将每个场景可能要用到的功能组合起来。举一个实际生活中的例子，如图 6-25 所示。

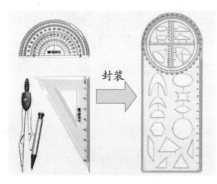

图 6-25　功能封装示意

通常，我们在画一些图形（如三角形、立方体、圆柱体、扇形）时，可能需要用到三角尺、量角器、圆规等文具，每次携带使用都不太方便，于是生产厂家经过封装升级，生产出了一种多功能绘图工具，大多数情况下我们只用一个带多功能的绘图工具即可。这就是我们为什么使用类的封装，下面我们进一步通过实例来体会面向对象的优点。

6.4.1　自定义类

为了更好地区分我们自己写的 JavaScript 文件和 ThreeJS 框架提供的 JavaScript 文件，我们将自己编写的代码放在"myjs"文件夹中，而将 ThreeJS 的代码放在"js"文件夹中。

好了，我们已经规划好了这些类，接下来开始写代码吧！

1. 创建 Basic3D 类

在 VS Code 编辑器工作区中选中"myjs"文件夹，单击"新建文件"按钮，创建"Basic3D.js"文件，如图 6-26 所示。

图 6-26　新建 JS 文件

该类用于生成一个基本的 3D 场景，主要包括场景、相机、渲染器等基本元素，程序主要由构造方法、初始化方法和显示网格辅助线的方法组成。初始化 init( ) 方法中的程序代码我们并不陌生，它包含了场景创建、添加相机和渲染的操作。showGrid( ) 方法用于显示网格和三维坐标辅助线，在构造方法中会根据传递的参数来判断是否自动调用它。

实例 6-3 Basic3D 类源码（myjs/Basic3D.js）。

```
/**
 * 功能说明：
 * 该类用于生成一个基本的 3D 场景，主要包括场景、相机、渲染器等基本元素，
 * 可以设置是否显示地面网格参考辅助线
 *
 * 调用说明：
 * 直接调用构造方法，生成基本的场景，提供 scene、camera、renderer 属性
 * 给外部调用类引用
 */
class Basic3D{
    scene;// 场景
    camera;// 相机
    renderer;// 渲染器
    canvas;// 渲染画布
    // 构造方法 ,canvas 表示渲染的画布, isGrid 为 true 表示显示网格辅助线
    /**
     *
     * @param {HTMLCanvas} canvas 3D 渲染的容器，用于展示 3D 画面如果
     *                            为空（null），则默认用 HTML 的 body
     * @param {Boolean} isGrid 是否显示网格辅助线，true 显示，
     *                         默认 false 不显示
     */
    constructor(canvas=null,isGrid=false){
        if (canvas==null){
            // 如果没有指定画布，就默认用 HTML 的 body
            this.canvas=document.body;
        }
        else{
            this.canvas=canvas;
        }
        this.init();
        // 是否显示网格辅助线
        if (isGrid==true){
            this.showGrid();
```

```
            }

        }
        // 初始化
        init(){

            this.scene=new THREE.Scene();
            // 计算好宽高比值
            const ratio=window.innerWidth/window.innerHeight;
            this.camera=new THREE.PerspectiveCamera(75,ratio,
0.1,1000);
            // 创建渲染器
            this.renderer=new THREE.WebGLRenderer();
            // 设置渲染范围
            this.renderer.setSize(window.innerWidth,window.innerHeight);
            // 将渲染结果放在 HTML 的 canvas 中显示，可能是一个 div 或其他
            this.canvas.appendChild(this.renderer.domElement);


        }
        // 显示网格辅助线
        showGrid(){
            // 地面辅助线
            const gridHelper=new THREE.GridHelper(1000,100,0xffffff);
            this.scene.add(gridHelper);
            // 创建 x、y、z 三维参考坐标轴
            const axesHelper=new THREE.AxesHelper(1000,1000,1000);
            this.scene.add(axesHelper);
        }
    }
```

2. 创建 BasicLight 类

以同样的方式在"myjs"目录下新建第二个 JS 文件"BasicLight.js"，该类用于生成
3D 场景的基本光源。在该类的初始化方法 init( ) 中会自动创建两个点光源和一个环境光，
在创建该类的对象时会自动往场景中添加这三个光源。

实例 6-4 BasicLight 类源码（myjs/ BasicLight.js）。

```
/**
 * 功能说明：
 * 该类用于生成 3D 场景的基本光源，创建三个光源，包括两个点光源和一个环境光
```

```
 *
 *
 * 调用说明:
 *    直接调用构造方法,提供 3D 场景的光源
 *    const light=new BasicLight(scene);
 *
 */
class BasicLight{
    scene;
    /**
     *
     * @param {THREE.Scene} scene 场景
     */
    constructor(scene){
        this.scene=scene;
        this.init();
    }
    // 初始化光源
    init(){
        // 创建三个光源,包括两个点光源,一个环境光
        // 点光源 1
        const light1=new THREE.PointLight(0xfffff);
        // 点光源 2
        const light2=new THREE.PointLight(0xfffff);
        // 设置两个点光源的位置
        light1.position.set(500,500,500);
        light2.position.set(-500,500,-500);
        // 环境光源
        const light3=new THREE.AmbientLight(0xfffff);
        // 将光源加入场景中
        this.scene.add(light1);
        this.scene.add(light2);
        this.scene.add(light3);
    }
}
```

3. 创建 Controller 类

在"myjs"目录下新建第三个 JS 文件"Controller.js",这是主要的控制类,在 HTML 页面中调用该类即可完成 3D 场景的基础环境搭建。

在构造方法中，通过创建 Basic3D 类和 BasicLight 类的对象来创建基本的场景和添加光源，然后调用初始化 init( ) 方法设置相机的位置和方向。在 init( ) 方法中还提供两种控制器的创建方式，前面用过的 OrbitControls 我们称之为轨道控制器，还有一种第一人称控制器 FirstPersonControls，两者的区别是第一人称控制器以第一人称视角观察 3D 场景，感觉"身临其境"，而轨道控制器以"观察者"的身份，用第三者的视角观察 3D 场景。默认情况下，我们使用轨道控制器，这样可以使用鼠标来控制 3D 场景中的模型。

实例 6-5 Controller 类源码（myjs/Controller.js）。

```
/**
 * 功能说明:
 * 该类用于生成一个控制器，生成 3D 场景的基本元素和轨道控制器，
 * 可以直接用鼠标控制 3D 场景中的物体
 *
 * 调用说明:
 * 直接调用构造方法，创建 3D 场景，提供 3D 场景的光源
 * 1. 如果不显示网格辅助线
 * const controller=new Controller();
 *
 * 2. 如果要显示网格辅助线
 * const controller=new Controller(null,true);
 */
class Controller{

    scene;// 创建好的场景
    camera;// 创建好的相机
    renderer;// 创建好的渲染器
    controls;// 创建好的控制器

    /**
     *
     * @param {HTMLCanvas} canvas 画布，3D 渲染的容器
     * @param {Boolean} isShowGrid 是否显示网格辅助线，默认不显示
     * @param {Boolean} isFirstPerson 是否采用第一人称控制器，默认为
     *                                 false
     */
    constructor(canvas=null,isShowGrid=false,isFirstPerson=false){
        // 创建一个 3D 场景
```

```
        const basic3D=new Basic3D(canvas,isShowGrid);
        // 将 basic3D 的场景、相机、渲染器设置为属性并返回给调用端
        this.scene=basic3D.scene;
        this.camera=basic3D.camera;
        this.renderer=basic3D.renderer;
        this.isFirstPerson=isFirstPerson;

        // 创建一个基础光源
        const basicLight=new BasicLight(this.scene);
        // 初始化
        this.init();
    }

    init(){
        // 将相机位置拉高，默认放在 (100,100,100) 的位置，可以调整
        this.camera.position.set(100,100,100);
        // 镜头对准 3D 坐标中心点
        this.camera.lookAt(0,0,0);
        if (this.isFirstPerson){
            // 创建第一人称控制器
            this.controls=new THREE.FirstPersonControls(this.camera,
this.renderer.domElement);
        }else{
            // 创建一个轨道控制器
            this.controls=new THREE.OrbitControls(this.camera,
this.renderer.domElement);
        }
    }
}
```

4. 创建 Cube 类

在"myjs"目录下继续创建文件"Cube.js"，该类的功能是创建一个立方体，除了初始化的 init( ) 方法还有两个方法：setColor(color) 方法用于设置感光材质的颜色；setTexture(imagePath) 方法用于加载一张图片纹理来创建材质，相当于将图片贴在立方体表面，就像包装纸一样，通常我们叫作"贴图"。

实例6-6　Cube 类源码（myjs/ Cube.js）。

```
/**
 * 功能说明:
 * 该类用于生成立方体, 可以设置材质颜色和材质贴图
 *
 *
 * 调用说明:
 *    const cube=new Cube(scene);
 *
 */
class Cube{
    material;
    loader;
    geometry;
    cube;
    size;
    scene;

    /**
     *
     * @param {THREE.Scene} scene 场景
     * @param {Number} size 立方体大小, 默认边长是 10
     */
    constructor(scene,size=10){
        this.scene=scene;
        this.size=size;
        if (this.size<1){
            this.size=1;
        }
        this.init();
    }

    /**
     * 设置材质的颜色
     * @param {Hexdecimal} color 一个十六进制数的颜色, 0xffffff 表示白色
     */
    setColor(color){
        this.material.color.set(color);
```

```
        }

        /**
         * 使用图片纹理进行材质创建
         * @param [String] imagePath 图片相对路径，如 img/test.png
         */
        setTexture(imagePath){
            // 创建一个纹理加载器
            this.loader=new THREE.TextureLoader();
            // 加载图片纹理作为材质
            const texture=this.loader.load(imagePath);
            this.material.map=texture;
        }


     // 初始化
     init(){
            // 创建一个立方体
            this.geometry=new THREE.BoxGeometry(this.size,this.size,this.size);
            // 添加材质
            this.material=new THREE.MeshLambertMaterial();
            this.cube=new THREE.Mesh(this.geometry,this.material);
            // 将立方体加入场景
            this.scene.add(this.cube);


     }
}
```

6.4.2　使用自定义类创建 3D 场景

花费了这么多精力，终于把这些类都创建完毕，但使用起来真的有那么方便吗？下面我们使用新的方式来重新创建一个 3D 场景，在这个场景中依然添加一个立方体，感受一下面向对象编程的好处吧！

第一步　新建 HTML 页面

在"study3d"目录下新建一个 HTML 页面，保存为" 6.4.2 面向对象构建 3D 场景 .html"，然后使用快捷键"html"生成基础的 HTML 代码，如图 6-27 所示。

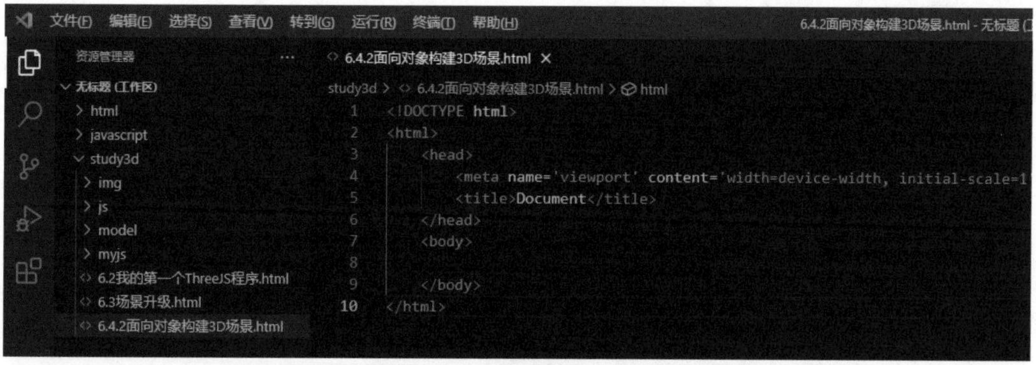

图 6-27　新建 HTML 页面

第二步 **引入 JS 文件**

在 <head> 标签中引入 ThreeJS 和我们自己创建的 4 个 JS 类文件（注意：引用 JS 文件有顺序要求，需要按顺序引入，否则程序可能会报错）。

```html
<!DOCTYPE html>
<html>
    <head>
        <meta name='viewport' content='width=device-width, initial-scale=1'>
        <title>Document</title>
        <script src="js/three.js"></script>
        <script src="js/OrbitControls.js"></script>
        <script src="myjs/Basic3D.js"></script>
        <script src="myjs/BasicLight.js"></script>
        <script src="myjs/Controller.js"></script>
        <script src="myjs/Cube.js"></script>
    </head>
    <body>

    </body>
</html>
```

第三步 **创建场景并添加一个立方体**

在 <body> 标签中添加 JS 代码，用我们刚写好的 Controller 类来创建基础的场景，再创建一个立方体和声明 run( ) 函数。

实例 6-7 本节完整的 HTML 代码（6.4.2 面向对象构建 3D 场景 .html）如下。

```html
<!DOCTYPE html>
<html>
    <head>
        <meta name='viewport' content='width=device-width, initial-scale=1'>
        <title>Document</title>
        <script src="js/three.js"></script>
        <script src="js/OrbitControls.js"></script>
        <script src="myjs/Basic3D.js"></script>
        <script src="myjs/BasicLight.js"></script>
        <script src="myjs/Controller.js"></script>
        <script src="myjs/Cube.js"></script>
    </head>
    <body>
        <script>
            // 创建一个控制类对象生成基础场景并显示网格线
            const controller=new Controller(null,true);
            const scene=controller.scene;// 返回场景对象
            const camera=controller.camera;// 返回相机对象
            const renderer=controller.renderer;// 返回渲染器对象
            const cube=new Cube(scene,10);// 创建一个立方体
            // 设置材质颜色
            cube.setColor(0xff0000);
            function run(){
                renderer.render(scene,camera);
                requestAnimationFrame(run);
            }
            run();
        </script>
    </body>
</html>
```

对比之前的 HTML 页面，这样的代码是不是简洁多了？在采用面向对象的编程方式之后，HTML 网页中核心部分的 JS 代码大幅减少，几行代码就能构建一个三维场景了。3D 场景主要由 Controller 类来创建完成。具体怎样在 Controller 内部创建这个 3D 场景，对网页来说无须关心，重要的是，以后再创建 3D 场景时重复使用这个 Controller 类即可，这就是把创建 3D 场景的功能封装成一个类的原因。

保存代码，使用"Open with Live Server"在浏览器中预览，效果如图 6-28 所示。

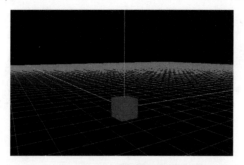

图 6-28　运行效果预览

6.5 Minecraft 场景搭建

通过前面的代码学习，我们已经在三维空间里生成了一个立方体。大家熟悉的沙盒游戏 Minecraft（简称 MC，中文名称《我的世界》）是一个充满着方块的三维空间，如图 6-29 所示。游戏中的场景都是由立方体构成，比如草原、大树、高山、岩石等。我们能不能用学过的知识来构建一个类似 Minecraft 的 3D 场景呢？

图 6-29　我的世界

6.5.1　Minecraft 中的方块

结合 Minecraft 游戏中的方块类型，下面主要介绍三种典型的方块类型。

1. 泥土方块

泥土方块的六个面完全一样，没有上下左右前后之分，全部使用一样的材质，如图 6-30

所示。这个方块比较简单，类似的还有树叶方块，它的六个面也使用相同的材质。

图 6-30　泥土方块

将立方体展开就可以看到如图 6-31 所示的效果，展开后一共有六个面，为明确具体对应的是哪一个面，我们需要对立方体的每个面进行编号和命名，命名以三维坐标轴的方向来定（p 代表正方向，n 代表负方向，也就是相反的方向）：1 号面 px（正 x）、2 号面 nx(负 x)；3 号面 py（正 y）、4 号面 ny(负 y)；5 号面 pz（正 z）、6 号面 nz(负 z)，请大家记住这个编号顺序，后面针对立方体不同的面使用不同的贴图需要遵循这个顺序规则。

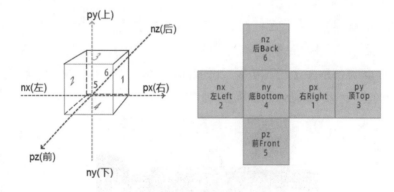

图 6-31　立方体展开平面图

2. 木头方块

木头方块由两种不同材质构成，顶部和底部的材质相同，四个侧面的材质相同，如图 6-32 所示。

图 6-32　木头方块

将木头方块展开，使用不同的颜色区分不同的材质，顶部和底部用青色标记，四个侧面用黄色标记，如图 6-33 所示。

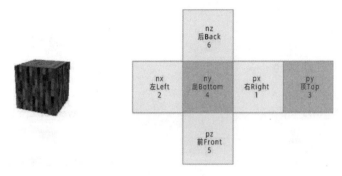

图 6-33　木头方块展开平面图

3. 草方块

草方块由三种不同材质构成，顶部是绿色草坪，四个侧面的材质相同，底部跟泥土方块的材质一样，如图 6-34 所示。

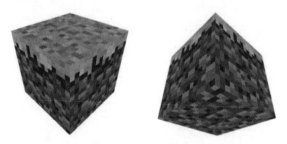

图 6-34　草方块

将草方块展开，使用不同的颜色区分不同的材质，顶部用绿色标记，四个侧面用蓝色标记，底部用土黄色标记，如图 6-35 所示。

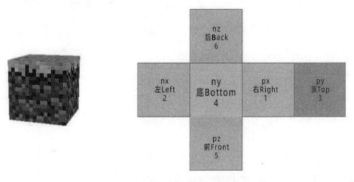

图 6-35　草方块展开平面图

了解了这些方块的构成后，我们现在编写代码来构建出这些方块，在"img/block"目录中我们提供了相关的纹理图片，如图 6-36 所示。后期只需要通过加载器加载图片，然后将图片贴到立方体的对应面上即可。

dirt.png

grass_side.png

grass_top.png

leaves_oak.png

oak_log.png

oak_log_top.png

图 6-36　纹理贴图文件

各个纹理图片对应的用途如表 6-2 所示。

表 6-2　各个纹理图片对应的用途

文件名	材质用途说明
dirt.png	泥土材质，用于构建泥土方块及草方块的底部
grass_side.png	草方块的侧面材质，用于构建草方块
grass_top.png	草方块的顶部材质，用于构建草方块
leaves_oak.png	树叶，用于构建树叶方块
oak_log.png	树皮材质，用于构建木头方块的侧面
oak_log_top.png	树干的横截面，用于构建木头方块顶部和底部

4. 定义方块类

有了这些材质后，我们就可以编写代码构建这些方块了。

为了更方便地构建这些方块，我们定义一个 Block 类来完成生成方块的工作，在 VS Code 编辑器工作区中选中"myjs"文件夹，单击"新建文件"按钮，新建"Block.js"文件。不同的方块其实是由不同的材质贴在立方体上完成的。

实例 6-8　Block 类源码（myjs/Block.js）。

```
/**
 * 功能说明：
 * 该类用于构建类似 Minecraft 的立方体
 *
 * 调用说明：
 * 1. 草方块: const grass=new Block(scene).grass();
 * 2. 泥土方块: const dirt=new Block(scene).dirt();
```

```
 * 3. 木头方块: const wood=new Block(scene).wood();
 * 4. 树叶方块: const leaf=new Block(scene).leaf();
*/

class Block{
   /**
    *
    * @param {THREE.Scene} scene 场景
    * @param {Number} size 立方体大小
    */
   constructor(scene,size=10){
       this.scene=scene;  // 从外部传入场景对象
       this.size=size;// 立方体大小, 默认为10
       // 创建一个纹理加载器, 用于加载图片
       this.loader=new THREE.TextureLoader();
   }

  /**
   * 构建一个方块, 提供底部、顶部和侧面材质
   * @param {String} bottomPath 表示底部的图片路径
   * @param {String} topPath 表示顶部的图片路径
   * @param {String} sidePath 表示侧面的图片路径
   * @param {Boolean} transparent 是否透明, 默认 false 表示不透明
   * @param {Number} opacity 表示透明程度, 为 0 ~ 1
   * @returns 返回一个已经建好并贴好图片的立方体
   */
   make(bottomPath,topPath,sidePath,transparent=false,opacity=0.8){
       // 加载图片纹理
       const bottomImage=this.loader.load(bottomPath);
       const topImage=this.loader.load(topPath);
       const sideImage=this.loader.load(sidePath);
       // 设置 magFilter 属性为近点采样法, 小纹理图贴上去才会清晰
       bottomImage.magFilter=THREE.NearestFilter;
       topImage.magFilter=THREE.NearestFilter;
       sideImage.magFilter=THREE.NearestFilter;
       // 使用纹理作为材质
       // 底部材质
       const bt=new THREE.MeshLambertMaterial({map:bottomImage});
       // 顶部材质
```

```
        const tp=new THREE.MeshLambertMaterial({map:topImage});
        // 侧面材质
        const sd=new THREE.MeshLambertMaterial({map:sideImage});

        // 根据参数 transparent 设置材质的透明度
        if (transparent==true){
            bt.transparent=true;
            bt.opacity=opacity;
            tp.transparent=true;
            tp.opacity=opacity;
            sd.transparent=true;
            sd.opacity=opacity;

        }
        // 定义一个列表，将六面的材质加到列表中（编号 1 ~ 6 的顺序）
        let materials=[];
        materials.push(sd);// 右 px
        materials.push(sd);// 左 nx
        materials.push(tp);// 上 py
        materials.push(bt);// 下 ny
        materials.push(sd);// 前 pz
        materials.push(sd);// 后 nz
        // 创建一个立方体
        const geometry=new THREE.BoxGeometry(this.size,this.
size,this.size);
        // 立方体添加材质
        const cube=new THREE.Mesh(geometry,materials);
        this.scene.add(cube);
        return cube;// 将立方体返回
    }
    // 泥土方块
    dirt(){
        const path="img/block/dirt.png";
        // 因为泥土方块的六面一样，所以传入 make 方法的三个参数都是
        // 相同的
        return this.make(path,path,path);
    }
    // 草方块，四个侧面相同，底部和顶部不同
    grass(){
```

```
        const topPath="img/block/grass_top.png";
        const bottomPath="img/block/dirt.png";
        const sidePath="img/block/grass_side.png";
        // 传入底部、顶部和侧面的图片材质
        return this.make(bottomPath,topPath,sidePath);
    }
    // 木头方块，底部和顶部相同
    wood(){
        const topPath="img/block/oak_log_top.png";
        const sidePath="img/block/oak_log.png";
        return this.make(topPath,topPath,sidePath);
    }
    // 树叶方块，六面相同
    leaf(){
        const path="img/block/leaves_oak.png";
        // 树叶设置成透明
        return this.make(path,path,path,true);
    }
}
```

该类的核心代码是 make( ) 方法，用于创建一个立方体。它提供了参数，可以分别设置顶部、底部、侧面的纹理贴图，通过加载器加载图片作为纹理材质，然后将材质贴到立方体的对应面上，最终根据提供的不同贴图就可以创建 Minecraft 中的不同方块了。

这个 Block 类就像生产方块的工厂，需要什么方块我们就告诉它，接下来我们动手构建一些 Minecraft 的场景吧！

6.5.2　创建 Minecraft 方块

Block 类编写完成之后就可以使用面向对象的方法来创建 Block 类的实例，通过实例的不同方法创建出各种方块，这些 Minecraft 方块就添加到场景中了。

第一步　**新建 HTML 页面**

在"study3d"目录下新建一个 HTML 页面，保存为"6.5.2 创建 Minecraft 方块 .html"，然后使用快捷键"html"生成基础的 HTML 代码。

第二步　**引入 JS 文件**

在 <head> 标签中引入 ThreeJS 和我们自己创建的 JS 类文件（注意：引用 JS 文件有

顺序要求，否则程序可能会报错）。

```html
<!DOCTYPE html>
<html>
    <head>
        <meta name='viewport' content='width=device-width, initial-scale=1'>
        <title>Document</title>
        <script src="js/three.js"></script>
        <script src="js/OrbitControls.js"></script>
        <script src="myjs/Basic3D.js"></script>
        <script src="myjs/BasicLight.js"></script>
        <script src="myjs/Controller.js"></script>
        <script src="myjs/Block.js"></script>
    </head>
    <body>

    </body>
</html>
```

说明

上述代码中加黄色底纹的部分引入的就是我们上一节创建的 Block 类文件。

第三步 创建场景并添加一个立方体

在 <body> 标签中添加 JS 代码，用我们之前写好的 Controller 类来创建基础的 3D 场景，再创建一个 Block 类的对象用来生成一个草方块，代码如下：

```html
<!DOCTYPE html>
<html>
    <head>
        <meta name='viewport' content='width=device-width, initial-scale=1'>
        <title>Document</title>
        <script src="js/three.js"></script>
        <script src="js/OrbitControls.js"></script>
        <script src="myjs/Basic3D.js"></script>
        <script src="myjs/BasicLight.js"></script>
        <script src="myjs/Controller.js"></script>
        <script src="myjs/Block.js"></script>
```

```
    </head>
    <body>
        <script>
            // 创建一个控制类对象生成基础场景并显示网格线
            const controller=new Controller(null,true);
            const scene=controller.scene;// 返回场景对象
            const camera=controller.camera;// 返回相机对象
            const renderer=controller.renderer;// 返回渲染器对象
            // 创建一个 Block 类的对象
            const block=new Block(scene);
            // 使用 grass() 方法生成一个草方块
            const grass=block.grass();

            function run(){
                renderer.render(scene,camera);
                requestAnimationFrame(run);
            }
            run();
        </script>
    </body>
</html>
```

保存代码，使用"Open with Live Server"在浏览器中预览，效果如图 6-37 所示。

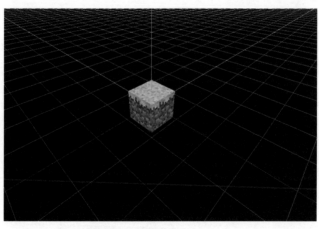

图 6-37 预览草方块效果

我们还可以使用 Block 对象的 dirt() 方法、wood() 方法和 leaf() 方法分别创建出泥土方块、木头方块和树叶方块，加上前面生成的草方块，一共四个方块。为了让这些方块在场景中不重叠，需要对不同的方块设置不同的坐标位置，新增代码如下：

```
// 生成一个泥土方块
const dirt=block.dirt();
dirt.position.set(-40,0,0)
// 生成一个木头方块
const wood=block.wood();
wood.position.set(-20,0,0);
// 生成一个树叶方块
const leaf=block.leaf();
leaf.position.set(20,0,0);
```

保存代码并在浏览器中预览，就会看到如图 6-38 所示的四个方块。

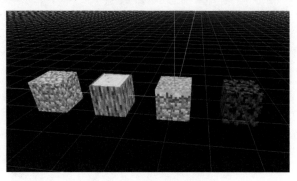

图 6-38　四种不同方块

实例 6-9　创建 Minecraft 方块。本小节完整的 HTML 代码（6.5.2 创建 Minecraft 方块 .html）如下：

```
<!DOCTYPE html>
<html>
    <head>
        <meta name='viewport' content='width=device-width,
initial-scale=1'>
        <title>Document</title>
        <script src="js/three.js"></script>
        <script src="js/OrbitControls.js"></script>
        <script src="myjs/Basic3D.js"></script>
        <script src="myjs/BasicLight.js"></script>
        <script src="myjs/Controller.js"></script>
        <script src="myjs/Block.js"></script>
    </head>
```

```
<body>
    <script>
        // 创建一个控制类对象生成基础场景并显示网格线
        const controller=new Controller(null,true);
        const scene=controller.scene;// 返回场景对象
        const camera=controller.camera;// 返回相机对象
        const renderer=controller.renderer;// 返回渲染器对象
        // 创建一个 Block 类的对象
        const block=new Block(scene);
        // 使用 grass() 方法生成一个草方块
        const grass=block.grass();
        // 生成一个泥土方块
        const dirt=block.dirt();
        dirt.position.set(-40,0,0)
        // 生成一个木头方块
        const wood=block.wood();
        wood.position.set(-20,0,0);
        // 生成一个树叶方块
        const leaf=block.leaf();
        leaf.position.set(20,0,0);
        function run(){
            renderer.render(scene,camera);
            requestAnimationFrame(run);
        }
        run();
    </script>
</body>
</html>
```

6.5.3　创建 Minecraft 草坪

有了 Block 类来生成不同的方块，我们现在可以将这些方块叠加起来，构建复杂一点的场景，比如来做一个 Minecraft 中的草坪。

第一步 新建一个网页

在"study3d"目录下新建一个 HTML 页面，保存为"6.5.3 创建 Minecraft 草坪 .html"，然后使用快捷键"html"生成基础的 HTML 代码。

第二步 引入 JS 文件

在 <head> 标签中引入 ThreeJS 和我们自己创建的 JS 类文件，代码如下：

```
<head>
    <meta name='viewport' content='width=device-width, initial-scale=1'>
    <title>Document</title>
    <script src="js/three.js"></script>
    <script src="js/OrbitControls.js"></script>
    <script src="myjs/Basic3D.js"></script>
    <script src="myjs/BasicLight.js"></script>
    <script src="myjs/Controller.js"></script>
    <script src="myjs/Block.js"></script>
</head>
```

第三步 创建场景并添加一个立方体

在 <body> 标签中添加 JS 代码，用我们之前写好的 Controller 类来创建基础的场景，由于创建草坪场景不需要网格辅助线，所以在生成 Controller 类的对象时无须传递参数，使用默认值即可，代码如下：

```
<script>
    // 不需要显示网格辅助线
    const controller=new Controller();
    const scene=controller.scene;// 返回场景对象
    const camera=controller.camera;// 返回相机对象
    const renderer=controller.renderer;// 返回渲染器对象
</script>
```

Minecraft 中的草坪可以看作是由很多个草方块一个挨着一个拼合而成，因此用 Block 类来生成许多草方块。下面的代码用了两个 for 循环嵌套来重复生成草方块，分别改变它们的 x 轴和 z 轴坐标，实现平铺效果（y 轴坐标不设置，默认是 0）。

```
// 定义方块的大小为 15
const blockSize=15;
// 创建一个 Block 类的对象
const block=new Block(scene,blockSize);
// 在 x 和 z 方向生成方块矩阵
for (let x=-10;x<=10;x++){
    for (let z=-10;z<=10;z++){
```

```
        // 生成一个草方块
        const grass=block.grass();
        // 每个方块增加一点缝隙，因此是 blocckSize+5，展示拼接前的效果
        grass.position.x=x*(blockSize+5);// 设置草方块的 x 坐标
        grass.position.z=z*(blockSize+5);// 设置草方块的 z 坐标
    }
}
function run(){
    renderer.render(scene,camera);
    requestAnimationFrame(run);
}
run();
```

添加上面的代码并保存，使用"Open with Live Server"在浏览器中预览，效果如图6-39所示。

图 6-39　生成多个草方块

在设置草方块的 x 和 z 坐标时给 blockSize 加了 5，因此就出现了图 6-39 中的缝隙。现在我们需要将方块之间的缝隙消除，只需要把给 blockSize 增加的 5 去掉即可，找到这两行代码：

```
grass.position.x=x*(blockSize+5);// 设置草方块的 x 坐标
grass.position.z=z*(blockSize+5);// 设置草方块的 z 坐标
```

将它们修改为：

```
grass.position.x=x*blockSize;// 设置草方块的 x 坐标
grass.position.z=z*blockSize;// 设置草方块的 z 坐标
```

再次保存代码，在浏览器中预览，一个草坪就创建完毕了，如图6-40所示。

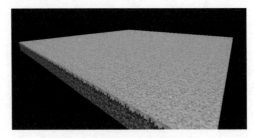

图 6-40　草方块拼合成草坪

草方块可不可以换成别的方块呢？肯定是可以的，只需要在代码中将草方块对象改为其他方块即可，以换成泥土方块为例，找到下面的代码：

```
const grass=block.grass();
grass.position.x=x*blockSize;// 设置方块的 x 坐标
grass.position.z=z*blockSize;// 设置方块的 z 坐标
```

将生成的草方块对象改为泥土方块：

```
const dirt=block.dirt();
dirt.position.x=x*blockSize;// 设置方块的 x 坐标
dirt.position.z=z*blockSize;// 设置方块的 z 坐标
```

换成泥土方块后的地面效果如图 6-41 所示，你还可以生成木头方块的地面或树叶方块的地面。

图 6-41　泥土方块拼接的地面

实例 6-10　创建 Minecraft 草坪。本小节完整的 HTML 代码（6.5.3 创建 Minecraft 草坪 .html）如下：

```
<!DOCTYPE html>
<html>
    <head>
        <meta name='viewport' content='width=device-width, initial-
scale=1'>
        <title>Document</title>
```

```html
    <script src="js/three.js"></script>
    <script src="js/OrbitControls.js"></script>
    <script src="myjs/Basic3D.js"></script>
    <script src="myjs/BasicLight.js"></script>
    <script src="myjs/Controller.js"></script>
    <script src="myjs/Block.js"></script>

</head>
<body>
    <script>
        // 不需要显示网格辅助线
        const controller=new Controller();
        const scene=controller.scene;// 返回场景对象
        const camera=controller.camera;// 返回相机对象
        const renderer=controller.renderer;// 返回渲染器对象
        // 生成地面开始，设置方块的大小为 15
        const blockSize=15;
        // 创建一个 Block 类的对象
        const block=new Block(scene,blockSize);
        // 在 x 和 z 方向生成方块矩阵
        for (let x=-10;x<=10;x++){
            for (let z=-10;z<=10;z++){
                // 生成一个草方块
                const grass=block.grass();
                // 每个方块增加一点缝隙，因此是 blocckSize+5，
                // 展示拼接前的效果
                // grass.position.x=x*(blockSize+5);
                                    // 设置草方块的 x 坐标
                // grass.position.z=z*(blockSize+5);
                                    // 设置草方块的 z 坐标
                // 无缝隙拼接
                grass.position.x=x*blockSize;// 设置草方块的 x 坐标
                grass.position.z=z*blockSize;// 设置草方块的 z 坐标
            }
        }
        // 生成地面
        function run(){
            renderer.render(scene,camera);
            requestAnimationFrame(run);
```

```
            }
        run();
    </script>
  </body>
</html>
```

6.5.4 封装 BlockGround 类

在后续的场景创建中，还会使用到第 6.5.3 节中的代码来构建地面的效果，因此我们将这段代码封装成一个 BlockGround 类。该类可以通过参数来指定生成的地面大小和组成地面的方块类别，具体见代码中的注释说明。

在"myjs"目录下新建 JS 文件"BlockGround.js"，封装后的 BlockGround 类如下。

实例 6-11 BlockGround 类源码（myjs/BlockGround.js）。

```
/**
 * 功能说明:
 * 该类用于生成立方体拼合成的地面，如泥地和草地
 * 地面的宽和长可以通过构造方法来指定
 * 由于立方体渲染需要花时间，地面不宜设置过大
 *
 * 调用说明:
 * 1. 生成泥地，在构造方法中传入 dirt
 *     const blockGround=new BlockGround(scene,"dirt");
 *
 * 2. 生成草地，在构造方法中传入 grass
 *     const blockGround=new BlockGround(scene,"grass");
 *
 * 3. 要生成大小不同的地面，需要在构造方法中传入另外两个参数 widthx 和 widthz
 *     关于立方体数量的计算说明如下:
 *     widthx=10，表示在正轴和负轴各有 10 立方体，还包含 0 的位置，
 *     因此一共有 10+10+1=21 个立方体，也就是 widthx*2+1
 *     widthz 的计算方法相同
 *     比如 widthx=5, widthz=5，就表示一个 11×11 个方块构成的正方形的地面
 *     调用示例（11*11 个方块构成的正方形草地）:
 *   const blockGround=new BlockGround(scene,"grass",5,5);
 */

class BlockGround{
```

```
//scene 是场景，groundType 指使用何种方块拼接
//widthz 表示 z 轴的数量
/**
 * @param {THREE.Scene} scene // 场景
 * @param {String} groundType //grass 表示草块地面，dirt 表示泥块地面
 * @param {Number} widthx // widthx 表示 x 轴的立方体数量，实际数量
 *                        // 是 widthx*2+1
 * @param {Number} widthz // widthz 表示 z 轴的立方体数量，实际数量
 *                        // 是 widthz*2+1
 * @param {Number} blockSize // 立方体大小，默认边长是 10
 */
constructor(scene,groundType="grass",widthx=10,widthz=10,
blockSize=10){
    const block=new Block(scene,blockSize);
    for(let x=-widthx;x<=widthx;x++){
        for (let z=-widthz;z<=widthz;z++){
            // 计算立方体的 x 坐标
            const px=x*blockSize;
            // 计算立方体的 z 坐标
            const pz=z*blockSize;
            // 根据参数 groundType 生成不同的地面
            if (groundType=="grass"){
                const cube=block.grass();
                cube.position.x=px;
                cube.position.z=pz;
            }else if(groundType=="dirt"){
                const cube=block.dirt();
                cube.position.x=px;
                cube.position.z=pz;
            }else if(groundType=="wood"){
                const cube=block.wood();
                cube.position.x=px;
                cube.position.z=pz;
            }else if(groundType=="leaf"){
                const cube=block.leaf();
                cube.position.x=px;
                cube.position.z=pz;
            }
        }
```

```
            }
        }
    }
```

接下来测试一下，复制"6.5.3 创建 Minecraft 草坪 .html"，然后粘贴到当前目录，并修改名称为"6.5.4 使用 BlockGround 类的对象生成地面 .html"，在 VS Code 编辑器中打开这个文件，在 <head> 标签里引入"BlockGround.js"（代码中加黄色底纹部分），代码如下：

```
<head>
        <meta name='viewport' content='width=device-width, initial-scale=1'>
        <title>Document</title>
        <script src="js/three.js"></script>
        <script src="js/OrbitControls.js"></script>
        <script src="myjs/Basic3D.js"></script>
        <script src="myjs/BasicLight.js"></script>
        <script src="myjs/Controller.js"></script>
        <script src="myjs/Block.js"></script>
        <script src="myjs/BlockGround.js"></script>
</head>
```

删除生成地面的代码，使用 BlockGround 类创建对象，快速生成地面。

```
// 使用 BlockGround 类创建一个地面对象
const ground=new BlockGround(scene,"grass");
```

通过传入参数"grass"生成草坪，也可以改为生成泥土（dirt）或者木块（wood）的地面，自己尝试一下，并结合运行结果理解程序的调用逻辑。

实例 6-12　本小节完整的 HTML 代码（6.5.4 使用 BlockGround 类的对象生成地面 .html）如下：

```
<!DOCTYPE html>
<html>
    <head>
        <meta name='viewport' content='width=device-width, initial-scale=1'>
        <title>Document</title>
        <script src="js/three.js"></script>
        <script src="js/OrbitControls.js"></script>
        <script src="myjs/Basic3D.js"></script>
        <script src="myjs/BasicLight.js"></script>
```

```
        <script src="myjs/Controller.js"></script>
        <script src="myjs/Block.js"></script>
        <script src="myjs/BlockGround.js"></script>
    </head>
    <body>
        <script>
            // 不需要显示网格辅助线
            const controller=new Controller();
            const scene=controller.scene;// 返回场景对象
            const camera=controller.camera;// 返回相机对象
            const renderer=controller.renderer;// 返回渲染器对象
            // 使用 BlockGround 类创建一个地面对象
            const ground=new BlockGround(scene,"grass");

            function run(){
                renderer.render(scene,camera);
                requestAnimationFrame(run);
            }
            run();
        </script>
    </body>
</html>
```

经过封装之后，只需要两行代码（加黄色底纹部分）就可以生成一个地面，是不是非常简洁呢？

6.5.5　创建 Minecraft 树

树是 Minecraft 游戏中随处可见的一种植物，这些大树都是由木头方块和树叶方块组成，如图 6-42 所示，我们如何来构建一棵树呢？

图 6-42　Minecraft 游戏中的树

将一棵树拆成树干（棕色部分）和树叶（绿色部分），先看棕色部分的树干平面图，如图 6-43 所示，这里的树干由三个方块构成，因此高度为 3，树干部分结构比较简单。再观察树叶，也有三层，从平面图来看，从上往下分别有 1 个方块、3 个方块、5 个方块。

图 6-43　树干平面图

换到三维空间，我们分别从正视图（从前方看）和俯视图（从上往下看）来看树叶的结构，如图 6-44 所示。正视图中的第 2 层看到的 3 个方块在俯视图中其实是由 3×3 个方块组成的一个正方形，正视图中的最底层在俯视图中其实是由 5×5 个方块组成的。

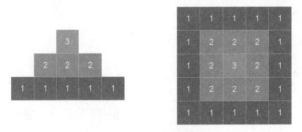

图 6-44　树叶的结构图

在了解了树的基本构成后，我们编写代码来构建一棵树，因为一棵树是由很多不同的子方块构成，为了让这些方块在 3D 空间总是"粘在一起"不被分开，成为一个整体，因此我们创建一棵树的类 Tree，它继承自 THREE.Group，该类专门用于生成树。就像我们做手工作品时用胶水将一些零散的部件粘在一块，最终合成一个整体，不会散架，那这个类就相当于这个胶水的作用。

为什么要继承 THREE.Group 类？

THREE.Group 类被称为层级模型，或者叫组容器，它的作用是方便将大量模型按逻辑进行分组和结构化，方便统一对模型进行修改和操作。比如要实现一个机器人在跑步，那么机器人的头、四肢、躯干等都是要整体移动的，THREE.Group 类可以将它们组成一个整体，这样就可以实现整体移动了。

在"myjs"目录下新建 JS 文件"Tree.js"，完成 Tree 类的编写，代码如下：

实例 6-13 Tree 类源码（myjs/Tree.js）。

```
/**
* 功能说明:
* 该类用于构建一棵树，主要由树干和树叶构成，为了让树干和树叶组合成一
* 个整体，需要继承自 THREE.Group，使用父类的 add () 方法进行组合
*
* 调用说明:
* const tree=new Tree(scene,5,10);
*/
class Tree extends THREE.Group{
    /**
     * @param {THREE.Scene} scene // 场景
     * @param {Number} height // 树的高度，默认是 3 个立方体
     * @param {Number} blockSize // 立方体大小，默认边长是 10
     */
    constructor(scene,height=3,blockSize=10){
        // 调用父类，这一句必须有，不然报错
        super();
        this.height=height;// 树干立方体的个数
        this.blockSize=blockSize;
        // 创建一个 Block 类对象
        this.block=new Block(scene,this.blockSize);
        this.trunk();// 先生成树干
        this.leaves();// 再生成树叶
        scene.add(this);
    }
    // 生成树干
    trunk(){
        let h=0;// 高度
        for (let i=1;i<=this.height;i++){
            const wood=this.block.wood();
            wood.position.y=h;
            h=h+this.blockSize;// 每次增加立方体的高度
            this.add(wood);
        }
    }
    // 生成树叶，为了简单，默认树冠都为 3 层
    // 每层树叶的组合方法与拼合地面一样
```

225

```
leaves(){
    let h=this.blockSize*(this.height-1);// 第一层树叶的 y 坐标
    // 树叶分三层，第一层为 5×5=25 个立方体
    for(let x=-2;x<=2;x++){
        for (let z=-2;z<=2;z++){
            const leaf=this.block.leaf();
            leaf.position.x=x*this.blockSize;
            leaf.position.z=z*this.blockSize;
            leaf.position.y=h;
            this.add(leaf);
        }
    }
    // 第二层树叶，3×3=9 个立方体
    h=h+this.blockSize;      // 高度增加一层
    for(let x=-1;x<=1;x++){
        for (let z=-1;z<=1;z++){
            const leaf=this.block.leaf()
            leaf.position.x=x*this.blockSize;
            leaf.position.z=z*this.blockSize;
            leaf.position.y=h;
            this.add(leaf);
        }
    }
    h=h+this.blockSize;      // 高度增加一层
    // 第三层最顶上的一个立方体
    const leaf=this.block.leaf();
    leaf.position.y=h;
    this.add(leaf);
    }
}
```

接下来测试一下，复制"6.5.4 使用 BlockGround 类的对象生成地面 .html"，然后粘贴到当前目录，并修改名称为"6.5.5 创建 Minecraft 树 .html"，在 VS Code 编辑器中打开这个文件，在 <head> 标签里引入"Tree.js"。

```
<script src="myjs/Tree.js"></script>
```

在创建地面对象代码的后面添加代码，生成一棵高度为 6 的树。

```
// 创建一棵树，高度为 6
const tree=new Tree(scene,6) ;
```

保存代码，使用"Open with Live Server"在浏览器中预览，效果如图 6-45 所示。

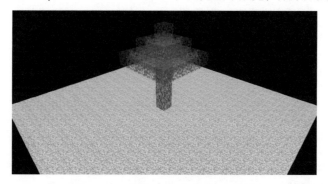

图 6-45　生成一棵高度为 6 的树

实例 6-14　本小节完整的 HTML 代码（6.5.5 创建 Minecraft 树 .html）如下：

```html
<!DOCTYPE html>
<html>
    <head>
        <meta name='viewport' content='width=device-width, initial-scale=1'>
        <title>Document</title>
        <script src="js/three.js"></script>
        <script src="js/OrbitControls.js"></script>
        <script src="myjs/Basic3D.js"></script>
        <script src="myjs/BasicLight.js"></script>
        <script src="myjs/Controller.js"></script>
        <script src="myjs/Block.js"></script>
        <script src="myjs/BlockGround.js"></script>
        <script src="myjs/Tree.js"></script>
    </head>
    <body>
        <script>
            // 不需要显示网格辅助线
            const controller=new Controller();
            const scene=controller.scene;// 返回场景对象
            const camera=controller.camera;// 返回相机对象
            const renderer=controller.renderer;// 返回渲染器对象
            // 使用 BlockGround 类创建一个地面对象
            const ground=new BlockGround(scene,"grass");
            // 创建一棵树，高度为 6
```

227

```
                const tree=new Tree(scene,6) ;
                function run(){
                    renderer.render(scene,camera);
                    requestAnimationFrame(run);
                }
                run();
            </script>
        </body>
    </html>
```

6.5.6　创建一片森林

前面我们已经写好了构建一棵树的类 Tree，现在我们可以用这个类来创建一片森林，因为树太多会增加渲染的时间，我们暂时种 20 棵树。为了展示树的高度各不相同，我们用随机数来生成树的高度。

第一步　复制文件并重命名

复制 "6.5.5 创建 Minecraft 树 .html"，然后粘贴到当前目录，并修改名称为 "6.5.6 创建一片森林 .html"，并在 VS Code 编辑器中打开这个文件。

第二步　随机生成树的高度

为了让生成的树看上去高低不同，我们采用 JavaScript 的 Math.random() 函数来生成随机数，需要注意的是，Math.random( ) 生成的是任意一个在 0 到 1 之间的小数，然而我们希望得到的是 0 到 10 之间的随机整数，该怎么做？

给 Math.random( ) 乘以 10，结果将是 0 到 10 之间的随机小数，然后用 Math.floor() 函数获取小数的整数部分，舍去小数部分，得到 0 到 10 之间的整数，具体算法代码如下：

```
// 生成树的高度
const n=10;
const h=Math.floor(Math.random()*n);// 生成 0 到 10 之间的随机整数
```

第三步　生成森林

理解了随机生成树的高度的算法，下面通过循环生成树来构建一片森林：

```
// 循环生成树，创建森林
for(let x=-10;x<=10;x++){
```

```
// 随机生成 z 坐标
let z=Math.random()*10;
// 随机分布在 z 轴的正负轴，用变量 a 来控制
const a=Math.random();
if (a>=0.5){
    z=-1*z;// 如果随机数大于等于 0.5，将 z 坐标设置为负
}
// 生成树的高度
const n=10;
const h=Math.floor(Math.random()*n);// 生成 0 ～ 10 之间的随机整数
// 生成树的粗细
const blockSize=5;
//sep 表示隔多远种一棵树
const sep=10;
if (h>3){// 生成的树干高度不低于 3，否则太矮了就不生成
    const tree=new Tree(scene,h,blockSize);
    // 设置树的坐标位置
    tree.position.x=x*sep;
    tree.position.z=z*sep;
}
}
```

保存代码，在浏览器中预览生成的森林效果，如图 6-46 所示，因为是随机生成，每次刷新页面，结果都会不同。

图 6-46　生成的森林

实例 6-15　本小节完整的 HTML 代码（6.5.6 创建一片森林 .html）如下：

```
<!DOCTYPE html>
<html>
    <head>
        <meta name='viewport' content='width=device-width, initial-
```

```
scale=1'>
            <title>Document</title>
            <script src="js/three.js"></script>
            <script src="js/OrbitControls.js"></script>
            <script src="myjs/Basic3D.js"></script>
            <script src="myjs/BasicLight.js"></script>
            <script src="myjs/Controller.js"></script>
            <script src="myjs/Block.js"></script>
            <script src="myjs/BlockGround.js"></script>
            <script src="myjs/Tree.js"></script>
    </head>
    <body>
        <script>
            // 不需要显示网格辅助线
            const controller=new Controller();
            const scene=controller.scene;// 返回场景对象
            const camera=controller.camera;// 返回相机对象
            const renderer=controller.renderer;// 返回渲染器对象
            // 使用 BlockGround 类创建一个地面对象
            const ground=new BlockGround(scene,"grass");
            // 循环生成树，创建森林
            for(let x=-10;x<=10;x++){
                // 随机生成 z 坐标
                let z=Math.random()*10;
                // 随机分布在 z 轴的正负轴，用变量 a 来控制
                const a=Math.random();
                if (a>=0.5){
                    z=-1*z;// 如果随机数大于等于 0.5，将 z 坐标设置为负
                }
                // 生成树的高度
                const n=10;
                const h=Math.floor(Math.random()*n);// 生成 0 ～ 10 之间
                                                    // 的随机整数
                // 生成树的粗细
                const blockSize=5;
                //sep 表示隔多远种一棵树
                const sep=10;
                if (h>3){// 生成的树干高度不低于 3，否则就不生成
                    const tree=new Tree(scene,h,blockSize);
```

```
                          // 设置树的坐标位置
                          tree.position.x=x*sep;
                          tree.position.z=z*sep;
                      }
                  }
              function run(){
                  renderer.render(scene,camera);
                  requestAnimationFrame(run);
              }
              run();
          </script>
      </body>
</html>
```

6.5.7　创建 Minecraft 花

前面讲了利用方块来构建一片森林，那么我们能不能种点花呢？不知道你是否仔细观察过那些花朵，它们的外观如图 6-47 所示。

图 6-47　Minecraft 游戏中的花

实际上这些花是两块透明面板进行十字交叉，然后给面板贴上花的纹理来实现的，如图 6-48 所示。

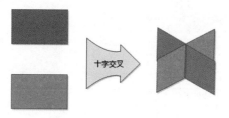

图 6-48　花的结构

在 ThreeJS 中如何实现这些花呢？

这里我们需要用到 PlaneGeometry 类来生成平面，将植物图片贴在平面上，再将两个平面十字交叉就构成了花。默认情况下，图片只会贴在平面的正面，因此我们需要将面板设置为双面可见，即正面和背面都能看到这个图，还需要将材质设置为透明，这样从任何角度都能看到花的纹理贴图，不然就会显示不正常。

在了解了花的结构原理后，我们需要准备一些花的素材，在"img/flower"目录下准备了 10 种花的贴图（如图 6-49 所示）供大家使用。

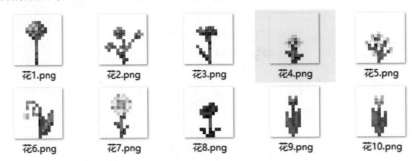

花1.png 花2.png 花3.png 花4.png 花5.png

花6.png 花7.png 花8.png 花9.png 花10.png

图 6-49　花的贴图

在"myjs"目录下新建 JS 文件"Flower.js"，编写 Flower 类来创建花朵，跟构建树一样，该类也继承 THREE.Group 类进行组合。

实例 6-16　Flower 类源码（myjs/Flower.js）。

```
/**
 * 功能说明：该类用于生成花，将两张图片用十字交叉的方式合成花
 *           为了保证类内部的子对象不发生位移，继承自 THREE.Group 类
 *
 * 调用说明：
 * id：花的编号（1 ～ 10），与素材中花的纹理图片名称一致
 * const flower=new Flower(scene,id)
 *
 */
class Flower extends THREE.Group{
  /**
   *
   * @param {THREE.Scene} scene // 场景
   * @param {Number} id // 花的图片纹理编号
   * @param {Number} size // 植物的大小
   */
  constructor(scene,id=1,size=20){
      super();// 继承自 THREE.Group 类，这一行表示必须先执行父类的构造方法
      this.scene=scene;
      this.size=size;
```

232

```javascript
        // 创建一个纹理加载器
        this.loader=new THREE.TextureLoader();
        // 将当前对象加入场景中
        this.scene.add(this);

        // 从 10 种花中挑选
        if(id>=1 && id<=10){
            // 计算花的路径
            const path="img/flower/花"+id+".png";
            this.make(path);
        }
    }
    /**
     * 生成一个平面，加载图片作为纹理材质
     * @param {String} path // 图片路径
     * @returns // 返回一个已经贴了图的平面对象
     */
    single(path){
        const image=this.loader.load(path);
        image.magFilter=THREE.NearestFilter;
        // 创建一个平面，指定大小
        const geometry=new THREE.PlaneGeometry(this.size,this.size)
        // 使用图片纹理创建一个材质
        const material=new THREE.MeshLambertMaterial({map:image});
        // 设置两面都可以看到图片
        material.side=THREE.DoubleSide;
        // 将材质设置成透明
        material.transparent=true;
        //Mesh 合成平面和材质
        const flowerplane=new THREE.Mesh(geometry,material);
        return flowerplane;// 将贴图平面返回
    }
    /**
     * 交叉两个平面组合成花朵
     * @param {String} path // 植物路径
     */
    make(path){
        // 用两个平面对象交叉生成植物的效果
        const plane1=this.single(path);
```

```
        const plane2=this.single(path);
        // 将另一个平面旋转 90°，刚好跟 plane1 形成十字交叉
        plane2.rotation.y=0.5*Math.PI;// 沿 Y 轴旋转 90°
        // 将这两个平面加到当前 Group 中
        this.add(plane1);
        this.add(plane2);
    }
}
```

该类的 single(path) 方法的主要功能是生成平面，然后设置平面双面可见，使用透明材质，并贴图。在 make(path) 方法中对生成的两个平面进行交叉，完成花朵的创建。

花的类 Flower 写好后，我们可以用它来生成一朵花，甚至一片花海。为了创建一片花海，需要先生成一块泥土地面，再将地面分成四块，分别种上不同的花朵。

如何将地面平分成四块呢？

如图 6-50 所示，利用 x 轴和 z 轴构成的平面坐标，将地面分成以下四块。

➢ 1 号花圃：x>0，z<0。
➢ 2 号花圃：x<0，z<0。
➢ 3 号花圃：x<0，z>0。
➢ 4 号花圃：x>0，z>0。

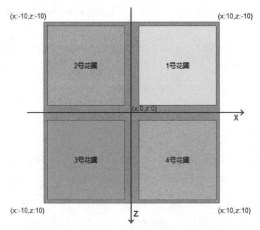

图 6-50　地面平分成四块

第一步　新建一个 HTML 页面

在 "study3d" 目录下新建一个 HTML 页面，保存为 "6.5.7 创建花园 .html"，然后使用快捷键 "html" 生成基础的 HTML 代码。

第二步 引入 JS 文件

在 <head> 标签中引入 ThreeJS 和我们自己创建的 JS 类文件，代码如下：

```html
<head>
    <meta name='viewport' content='width=device-width, initial-scale=1'>
    <title>Document</title>
    <script src="js/three.js"></script>
    <script src="js/OrbitControls.js"></script>
    <script src="myjs/Basic3D.js"></script>
    <script src="myjs/BasicLight.js"></script>
    <script src="myjs/Controller.js"></script>
    <script src="myjs/Block.js"></script>
    <script src="myjs/BlockGround.js"></script>
    <script src="myjs/Flower.js"></script>
</head>
```

第三步 创建泥土地面

在 <body> 标签中添加 JS 代码，创建基础的 3D 场景，用 BlockGround 类创建泥土地面，代码如下：

```javascript
// 不需要显示网格线
const controller=new Controller();
const scene=controller.scene;// 返回场景对象
const camera=controller.camera;// 返回相机对象
const renderer=controller.renderer;// 返回渲染器对象
// 创建一个泥土地面
const ground=new BlockGround(scene,"dirt");
```

第四步 种花

根据坐标判断某个区域是几号花圃，不同区域选择不同的纹理，生成不同的花，最后别忘了使用 run( ) 方法进行渲染。代码如下：

```javascript
// 根据坐标位置生成不同的花朵
for (let x=-10;x<=10;x++){
    for(let z=-10;z<=10;z++){
        let id=1;// 绒球葱，种在 x 轴和 z 轴线上
        if (x<0 && z<0){//2 号花圃
```

```
            id=3;// 矢车菊
        }
        if (x<0 && z>0){//3 号花圃
            id=4;// 蒲公英
        }
        if (x>0 && z>0){//4 号花圃
            id=8;// 玫瑰
        }
        if (x>0 && z<0){//1 号花圃
            id=9;// 郁金香
        }
        // 创建花
        const flower=new Flower(scene,id);
        // 花与花之间的间隔
        const sep=10;
        const y=10;// 比地面高出 10，不然就被埋在泥土里
        flower.position.set(x*sep,y,z*sep);// 设置花的坐标
    }
}
function run(){
    renderer.render(scene,camera);
    requestAnimationFrame(run);
}
run();
```

保存代码，使用"Open with Live Server"在浏览器中预览，效果如图 6-51 所示。

图 6-51　生成的花园

实例 6-17　创建花园。本小节完整的 HTML 代码（6.5.7 创建花园 .html）如下：

```
<!DOCTYPE html>
<html>
```

```html
<head>
    <meta name='viewport' content='width=device-width,
initial-scale=1'>
    <title>Document</title>
    <script src="js/three.js"></script>
    <script src="js/OrbitControls.js"></script>
    <script src="myjs/Basic3D.js"></script>
    <script src="myjs/BasicLight.js"></script>
    <script src="myjs/Controller.js"></script>
    <script src="myjs/Block.js"></script>
    <script src="myjs/BlockGround.js"></script>
    <script src="myjs/Flower.js"></script>
</head>
<body>
    <script>
        // 不需要显示网格线
        const controller=new Controller();
        const scene=controller.scene;// 返回场景对象
        const camera=controller.camera;// 返回相机对象
        const renderer=controller.renderer;// 返回渲染器对象
        // 创建一个泥土地面
        const ground=new BlockGround(scene,"dirt");
        // 根据坐标位置生成不同的花朵
        for (let x=-10;x<=10;x++){
            for(let z=-10;z<=10;z++){
                let id=1;// 绒球葱，种在 x 轴和 z 轴线上
                if (x<0 && z<0){//2 号花圃
                    id=3;// 矢车菊
                }
                if (x<0 && z>0){//3 号花圃
                    id=4;// 蒲公英
                }
                if (x>0 && z>0){//4 号花圃
                    id=8;// 玫瑰
                }
                if (x>0 && z<0){//1 号花圃
                    id=9;// 郁金香
                }
                // 创建花
```

```
                    const flower=new Flower(scene,id);
                    // 花与花之间的间隔
                    const sep=10;
                    const y=10;// 比地面高出 10，不然就被埋在泥土里
                    flower.position.set(x*sep,y,z*sep);// 设置花的坐标
                }
            }
            function run(){
                renderer.render(scene,camera);
                requestAnimationFrame(run);
            }
            run();
        </script>
    </body>
</html>
```

6.5.8 天空盒子

我们之前创建的所有场景中，整个背景都是黑色的，但实际中很少用到这种黑色背景，因为感觉如同飘浮在茫茫宇宙之中，那如何制作一个身临其境的自然环境呢？

第一种方法是用一张图片作为场景背景，但是这样不管场景怎么旋转，背景永远不变，效果很一般。

第二种方法是创建一个正方体盒子，将 6 个方向拍下来的天空图片分别贴在正方体的对应面上，3D 场景就在这个盒子内部，如图 6-52 所示。从内部观察正方体就可以得到一个密闭的天空环境，会给人身临其境的感觉，像身处在这个三维空间里。

图 6-52　天空盒子

我们采用第 2 种方法，在 "img/sky" 目录中我们准备好了六张图片，如图 6-53 所示，图片以立方体的方位命名，这些图片是能无缝拼接起来的，如果随便找六张图是不能做出无缝拼接效果的。

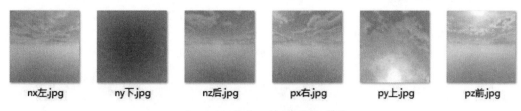

nx左.jpg ny下.jpg nz后.jpg px右.jpg py上.jpg pz前.jpg

图 6-53　构成天空盒子的素材

在贴图的时候，一定要注意图片的顺序是右→左→上→下→前→后，也就是 px→nx→py→ny→pz→nz，如果图片顺序弄错，天空盒子就会有明显的棱线，显示错位。

在 "myjs" 目录下新建 JS 文件 "SkyBox.js"，编写 SkyBox 类，用 CubeTexture Loader 对象来对场景 Scene 的背景进行贴图，使之成为一个天空盒子，只不过在这个天空盒子中不能看见其外面的情景，无论怎么缩放，对象始终都在天空盒子内。

实例 6-18　SkyBox 类源码（myjs/ SkyBox.js）。

```
/**
 * 功能说明：
 * 该类用于构建一个天空盒子，用六张图贴在立方体的六个面，作为场景的背景
 *
 * 调用说明：
 * const skyBox=new SkyBox(scene) ;
 */
class SkyBox{
    constructor(scene){
        this.scene=scene;
        this.init();
    }
    // 初始化 ，图片顺序：右→左→上→下→前→后
    init(){
        let images = [
            'img/sky/px右.jpg',//px
            'img/sky/nx左.jpg',//nx
            'img/sky/py上.jpg',//py
            'img/sky/ny下.jpg',//ny
            'img/sky/pz前.jpg',//pz
```

```
                'img/sky/nz 后 .jpg' //nz
            ];

            // 加载立方体环境纹理
            const loader=new THREE.CubeTextureLoader();
            const sky = loader.load(images);
            // 对场景 Scene 的背景进行贴图，使之成为一个天空盒子
            this.scene.background = sky;
        }
    }
```

接下来，我们新建一个测试页面，看看天空盒子的效果。

第一步 新建一个 HTML 页面

在 "study3d" 目录下新建一个 HTML 页面，命名为 "6.5.8 天空盒子 .html"，然后使用快捷键 "html" 生成基础的 HTML 代码。

第二步 引入 JS 文件

在 <head> 标签中引入 ThreeJS 和我们自己创建的 JS 类文件，代码如下：

```
    <head>
            <meta name='viewport' content='width=device-width,
    initial-scale=1'>
            <title>Document</title>
            <script src="js/three.js"></script>
            <script src="js/OrbitControls.js"></script>
            <script src="myjs/Basic3D.js"></script>
            <script src="myjs/BasicLight.js"></script>
            <script src="myjs/Controller.js"></script>
            <script src="myjs/Block.js"></script>
            <script src="myjs/BlockGround.js"></script>
            <script src="myjs/Tree.js"></script>
            <script src="myjs/Flower.js"></script>
            <script src="myjs/SkyBox.js"></script>
    </head>
```

第三步 创建天空盒子

在 <body> 标签中添加 JS 代码，创建基础的 3D 场景，用 SkyBox 类创建天空盒子：

```
<script>
    // 不需要显示网格线
    const controller=new Controller();
    const scene=controller.scene;// 返回场景对象
    const camera=controller.camera;// 返回相机对象
    const renderer=controller.renderer;// 返回渲染器对象
    // 创建天空盒子
    const sky=new SkyBox(scene);
    function run(){
        renderer.render(scene,camera);
        requestAnimationFrame(run);
    }
    run();
</script>
```

保存代码，使用"Open with Live Server"在浏览器中预览，效果如图 6-54 所示，使用鼠标转动场景，就如同自己飞在空中一般。

图 6-54 效果预览

实例 6-19 本小节完整的 HTML 代码（6.5.8 天空盒子 .html）如下：

```
<!DOCTYPE html>
<html>
    <head>
        <meta name='viewport' content='width=device-width,
initial-scale=1'>
        <title>Document</title>
```

```
            <script src="js/three.js"></script>
            <script src="js/OrbitControls.js"></script>
            <script src="myjs/Basic3D.js"></script>
            <script src="myjs/BasicLight.js"></script>
            <script src="myjs/Controller.js"></script>
            <script src="myjs/Block.js"></script>
            <script src="myjs/BlockGround.js"></script>
            <script src="myjs/Tree.js"></script>
            <script src="myjs/Flower.js"></script>
            <script src="myjs/SkyBox.js"></script>
        </head>
        <body>
            <script>
                // 不需要显示网格线
                const controller=new Controller();
                const scene=controller.scene;// 返回场景对象
                const camera=controller.camera;// 返回相机对象
                const renderer=controller.renderer;// 返回渲染器对象
                // 创建天空盒子
                const sky=new SkyBox(scene);
                function run(){
                    renderer.render(scene,camera);
                    requestAnimationFrame(run);
                }
                run();
            </script>
        </body>
    </html>
```

6.5.9　高效地创建地面

在前面的学习中已经创建了一个 BlockGround 类，可以用泥土方块或草方块来构建一个地面，但是由于立方体在渲染的时候花费的资源较多，如果使用的方块非常多，页面需要加载很久，因此我们使用另一种简单高效的办法来构建地面。

使用 PlaneGeometry 类创建一个平面，在前面生成花朵的时候我们用到过这个类，它可以将生成的平面用小方块纹理材质进行重复的平铺，就像给地面铺上瓷砖或者木地板，最终拼成一个大的地面。如图 6-55 所示，就是使用不同的纹理进行贴图的效果。

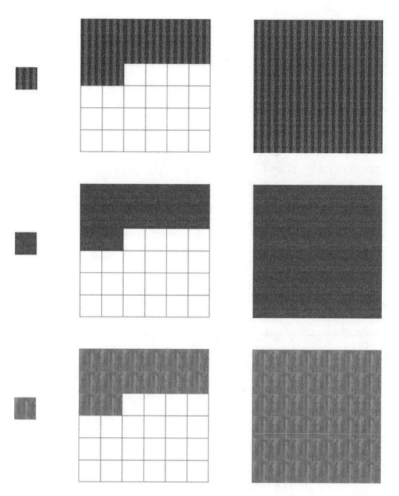

图 6-55　不同纹理贴图实现的地面效果

在 "myjs" 目录下新建 JS 文件 "Ground.js"，根据思路，我们现在来写一个 Ground 类，用来创建地面，纹理图片在 "img/ground" 目录里。

实例 6-20　Ground 类源码（myjs/Ground.js）。

```
/**
 * 功能说明：
 *     该类用于构建地面，创建平面，然后贴上纹理
 *
 * 调用说明：
 * const ground=new Ground(scene,1000,1000,0);
 */
```

```
class Ground{
    /**
     * @param {THREE.Scene} scene //场景
     * @param {Number} width //宽度
     * @param {Number} height // 高度，当平面翻转后，就相当于长度
     * @param {Number} y //y 坐标，默认是 0
     * @param {String} file // 地面纹理图片路径
     */
    constructor(scene,width,height,y=0,file=" "){
        this.y=y;
        this.scene=scene;
        this.width=width;
        this.height=height;
        this.file=file;
        this.init();
    }
    init(){
        // 创建一个几何平面
        const geometry=new THREE.PlaneGeometry(this.width,this.height);
        // 默认的草坪
        let path="img/ground/grass.png";
        if (this.file!="")// 如果传入了参数 file，就使用指定的图片
            path=this.file;
        // 纹理加载器
        const loader=new THREE.TextureLoader();
        const grass=loader.load(path);
        grass.magFilter=THREE.NearestFilter;
        const material=new THREE.MeshLambertMaterial({map:grass});
        // 设置平铺模式
        material.map.wrapS=THREE.repoeatWrapping;//x 方向允许纹理重复
        material.map.wrapT=THREE.repoeatWrapping;//y 方向允许纹理重复
        material.map.repeat.set(100,100);//x、y 方向重复平铺 100 次
        const plane=new THREE.Mesh(geometry,material);
        plane.position.y=this.y;
        // 将平面延 x 轴旋转 90°，当作地面
        plane.rotation.x=-0.5*Math.PI;
        this.scene.add(plane);
    }
}
```

复制"6.5.8 天空盒子 .html",然后粘贴到当前目录,并修改名称为"6.5.9 创建一个草坪 .html",在 VS Code 编辑器中打开这个文件,我们在天空盒子里使用 Ground 类创建一个草坪。

第一步 引用 Ground 类

在 `<head>` 标签中添加代码,引入新建的"Ground.js"文件,代码如下:

```
<script src="myjs/Ground.js"></script>
```

第二步 创建草坪

创建 Ground 类的对象,生成一个 10000×10000 的平面,未指定纹理图片将使用默认的草坪图片纹理。

```
const ground=new Ground(scene,10000,10000);
```

保存代码,在浏览器中进行预览,将会看到如图 6-56 所示的场景。

图 6-56　创建草坪

实例 6-21　创建草坪。本小节完整的 HTML 代码(6.5.9 创建一个草坪 .html)如下:

```
<!DOCTYPE html>
<html>
    <head>
        <meta name='viewport' content='width=device-width, initial-
scale=1'>
        <title>Document</title>
        <script src="js/three.js"></script>
```

```
        <script src="js/OrbitControls.js"></script>
        <script src="myjs/Basic3D.js"></script>
        <script src="myjs/BasicLight.js"></script>
        <script src="myjs/Controller.js"></script>
        <script src="myjs/Block.js"></script>
        <script src="myjs/BlockGround.js"></script>
        <script src="myjs/Tree.js"></script>
        <script src="myjs/Flower.js"></script>
        <script src="myjs/SkyBox.js"></script>
        <script src="myjs/Ground.js"></script>
    </head>
    <body>
        <script>
            // 不需要显示网格线
            const controller=new Controller();
            const scene=controller.scene;// 返回场景对象
            const camera=controller.camera;// 返回相机对象
            const renderer=controller.renderer;// 返回渲染器对象
            // 创建天空盒子
            const sky=new SkyBox(scene);
            // 创建一个 10000×10000 草坪
            const ground=new Ground(scene,10000,10000);
            function run(){
                renderer.render(scene,camera);
                requestAnimationFrame(run);
            }
            run();
        </script>
    </body>
</html>
```

6.5.10　创建 Minecraft 草原

综合前面学习的所有内容，现在我们能够创建一个 Minecraft 场景了。先创建天空盒子，再生成草地，随机种上花和树，一个 Minecraft 草原场景就能搭建好了。

第一步　**复制网页文件并重命名**

复制 "6.5.9 创建一个草坪 .html"，然后粘贴到当前目录，并修改名称为 "6.5.10 创建 Minecraft 草原 .html"，并在 VS Code 编辑器中打开这个文件。

第二步 **使用指定纹理创建草坪**

修改 <body> 中的 JS 代码，删除创建草坪的代码：

```
// 创建天空盒子
const sky=new SkyBox(scene);
// 创建一个 10000×10000 草坪
const ground=new Ground(scene,10000,10000);
```

我们重新使用指定的纹理图片来创建 Minecraft 样式的草地，在创建地面对象时传入指定的图片路径（草方块纹理图片），生成草地，修改后的代码如下：

```
// 创建天空盒子
const sky=new SkyBox(scene);
// 指定纹理图片
const file="img/block/grass_top.png";
// 创建 Minecraft 样式的草地
const ground=new Ground(scene,1000,1000,0,file);
```

第三步 **种上花和树**

分别使用之前写好的 Flower 类和 Tree 类来完成花和树的创建，花和树的位置都是随机的，采用生成随机数的方法来生成随机的 x 坐标和 z 坐标，由于随机数是非负值，所以还需要随机改变 x 和 z 的正负，这样才能随机分布在正负方向上。然后通过随机生成 id 得到随机的花朵纹理贴图，就能生成不同的花朵，树的高度也用随机数生成，具体代码如下：

```
//maxSize 正负方向最大值，所以总宽度是 1000
const maxSize=500;// 随机分布在正负方向
// 生成一些花
for(let i=1;i<=50;i++){
    // 随机生成 x 和 z 的坐标
    let x=Math.floor(Math.random()*maxSize);
    let z=Math.floor(Math.random()*maxSize);
    // 随机改变 z 坐标正负，分布在 z 正负轴上
    if (Math.random()<0.5){
        z=z*(-1);
    }
    // 随机改变 x 坐标正负，分布在 x 正负轴上
```

```
        if (Math.random()<0.5){
            x=x*(-1);
        }
        //1～10种花随机生成
        let id=Math.floor(Math.random()*11);
        if (id==0){// 如果随机数是 0,就换为第 1 种花
            id=1;
        }
        const y=10;// 比地面高出 10,不然就被埋地下
        const flower=new Flower(scene,id);
        flower.position.set(x,y,z);
    }
    // 随机生成一些大树
    for(let i=1;i<=50;i++){
        let x=Math.floor(Math.random()*maxSize);
        let z=Math.floor(Math.random()*maxSize);
        // 随机改变 z 坐标正负,分布在 z 正负轴上
        if (Math.random()<0.5){
            z=z*(-1);
        }
        // 随机改变 x 坐标正负,分布在 x 正负轴上
        if (Math.random()<0.5){
            x=x*(-1);
        }
        const y=0;// 跟地面一致
        // 树的高度,小于 15
        const h=Math.floor(Math.random()*15);
        if (h<3){
            continue;// 如果生成的树太矮就不要
        }
        // 树的大小
        const a=4;
        const tree=new Tree(scene,h,a);
        tree.position.set(x,y,z);
    }
```

保存代码,在浏览器中进行预览,效果如图 6-57 所示。

图 6-57 添加树和花

实例 6-22 本小节完整的 HTML 代码（6.5.10 创建 Minecraft 草原 .html）如下：

```html
<!DOCTYPE html>
<html>
    <head>
        <meta name='viewport' content='width=device-width, initial-scale=1'>
        <title>Document</title>
        <script src="js/three.js"></script>
        <script src="js/OrbitControls.js"></script>
        <script src="myjs/Basic3D.js"></script>
        <script src="myjs/BasicLight.js"></script>
        <script src="myjs/Controller.js"></script>
        <script src="myjs/Block.js"></script>
        <script src="myjs/BlockGround.js"></script>
        <script src="myjs/Tree.js"></script>
        <script src="myjs/Flower.js"></script>
        <script src="myjs/SkyBox.js"></script>
        <script src="myjs/Ground.js"></script>
    </head>
    <body>
        <script>
            // 不需要显示网格线
```

```
    const controller=new Controller();
    const scene=controller.scene;// 返回场景对象
    const camera=controller.camera;// 返回相机对象
    const renderer=controller.renderer;// 返回渲染器对象
// 创建天空盒子
    const sky=new SkyBox(scene);
// 指定纹理图片
    const file="img/block/grass_top.png";
// 创建 Minecraft 样式的草地
    const ground=new Ground(scene,1000,1000,0,file);
//maxSize 正负方向最大值,所以总宽度是 1000
    const maxSize=500;// 随机分布在正负方向
// 生成一些花
    for(let i=1;i<=50;i++){
        // 随机生成 x 和 z 的坐标
        let x=Math.floor(Math.random()*maxSize);
        let z=Math.floor(Math.random()*maxSize);
        // 随机改变 z 坐标正负,分布在 z 正负轴上
        if (Math.random()<0.5){
            z=z*(-1);
        }
        // 随机改变 x 坐标正负,分布在 x 正负轴上
        if (Math.random()<0.5){
            x=x*(-1);
        }
        //1 ~ 10 种花随机生成
        let id=Math.floor(Math.random()*11);
        if (id==0){// 如果随机数是 0,就换为第 1 种花
            id=1;
        }
        const y=10;// 比地面高出 10,不然就被埋地下
        const flower=new Flower(scene,id);
        flower.position.set(x,y,z);
    }
// 随机生成一些大树
    for(let i=1;i<=50;i++){
        let x=Math.floor(Math.random()*maxSize);
        let z=Math.floor(Math.random()*maxSize);
        // 随机改变 z 坐标正负,分布在 z 正负轴上
```

```
        if (Math.random()<0.5){
            z=z*(-1);
        }
        // 随机改变 x 坐标正负，分布在 x 正负轴上
        if (Math.random()<0.5){
            x=x*(-1);
        }
        const y=0;// 跟地面一致
        // 树的高度，小于 15
        const h=Math.floor(Math.random()*15);
        if (h<3){
            continue;// 如果生成的树太矮就不要
        }
        // 树的大小
        const a=4;
        const tree=new Tree(scene,h,a);
        tree.position.set(x,y,z);
    }
    function run(){
        renderer.render(scene,camera);
        requestAnimationFrame(run);
    }
    run();
    </script>
    </body>
</html>
```

6.6 加载 3D 动画模型

通过学习前面的案例，是否对 ThreeJS 有了进一步的了解呢？前面案例展示的所有场景都是静态的，我们能不能使用 ThreeJS 添加一些动画呢，比如走动的史蒂夫，那样就更好玩了。

一般情况下，会有专门的 3D 美术人员使用专业的建模软件来设计制作 3D 模型，添加动画效果，最终将做好的模型以文件的方式导出，我们只需要通过 ThreeJS 来加载这个模型就可以了。

　　3D 建模软件可以导出多种格式的模型文件，我们就以其中常见的 GLB 和 FBX 两种格式的文件为例，演示如何将 3D 模型导入 ThreeJS 场景中。

6.6.1　加载 GLB 动画模型

　　所有的 3D 模型文件都存放在"model"目录中，打开这个文件夹，会看到"fbx"和"glb"两个文件夹，里面分别存放的是对应格式的 3D 模型文件。

　　打开"glb"文件夹，找到"beeman.glb"文件，这是一个飞行的蜜蜂人模型，用 3D 软件打开就可以看到效果，如图 6-58 所示，播放的时候它是可以扇动翅膀飞行的。

图 6-58　蜜蜂人模型

　　下面我们就来演示如何加载这个模型文件。加载不同格式的模型需要不同的模型加载器，GLB 文件需要用 GLTFLoader 类来实现动画的加载，我们在 js/loaders 目录里放了 ThreeJS 官方提供的所有加载器。

　　在"myjs"目录下新建 JS 文件"BeeMan.js"，编写 BeeMan 类，在 load( ) 方法中实现 GLB 文件的加载和播放。

实例 6-23　BeeMan 类源码（myjs/BeeMan.js）。

```
/**
 * 功能说明:
 *     该类用于加载一个蜜蜂人的 GLB 文件
 *
 * 调用说明:
 * const beeman=new BeeMan(scene) ;
 */
```

```
class BeeMan {
    mixer;// 动画混合器
    model;// 三维场景中的模型
    /**
     * @param {THREE.Scene} scene // 场景
     */
    constructor(scene){
        this.scene=scene;
        this.load();// 加载动画文件
    }
    load(){
        // 生成一个加载器
        const loader = new THREE.GLTFLoader();
        // 将 this 通过 self 传递给回调函数，这一句非常重要
        let self=this;
        loader.load('model/glb/beeman.glb',
            function (object) {// 回调函数，加载完成后传回 object
                // 根据参数 object 取出 3D 模型
                self.model = object.scene;
                // 设置放大倍数，根据动画模型的大小可以改变
                self.model.scale.set(10,10,10);
                // 设置位置
                self.model.position.set(0,10,0)
                self.scene.add( self.model );
                const animations = object.animations; //GLB 动画用混合器
                                                    // 来实现动画的播放
                self.mixer = new THREE.AnimationMixer(self.model);
                const action1 = self.mixer.clipAction( animations[0] );
                action1.play();          // 飞行动画
            } );
    }
}
```

这里有一个非常重要的知识点，在 load( ) 方法里有两个参数：第一个参数是需要加载的模型文件；第二个参数比较特别，是一个函数，称为回调函数，在这个回调函数中需要将加载的模型添加到 3D 场景中，然后用 ThreeJS 的 AminationMixer 动画混合器类来实现动画的播放。但是回调函数是无法直接访问外部 this 对象的，该如何办呢？解决方案是定义一个变量 self 指向 this，变量 self 起到桥梁作用：

```
let self=this;
```

上面的代码将 self 指向 this，也可以说 self 就是 this 的一个替身。比如，我们需要为类的属性 model 赋值，一般情况下都是用 this.model= 值，但是在回调函数中就需要用到 this 的替身 self，代码就应该是 self.model= 值，可以用图 6-59 来形象地演示这个对象传递的过程。

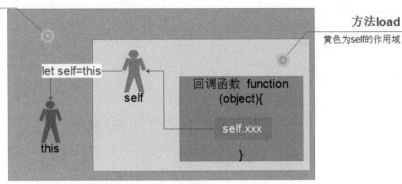

图 6-59 对象传递的过程

写好了 BeeMan 类之后，我们需要在网页中测试一下是否能看到动画的播放效果。复制 "6.5.9 创建一个草坪 .html"，然后粘贴到当前目录，并修改名称为 "6.6.1 加载 GLB 动画模型 .html"，并在 VS Code 编辑器中打开这个文件。

第一步 引用 JS 文件

在 <head> 标签中添加代码，引入加载器 "GLTFLoader.js" 和新建的 "BeeMan.js" 文件，代码如下：

```
<script src="js/loaders/GLTFLoader.js"></script>
<script src="myjs/BeeMan.js"></script>
```

第二步 创建蜜蜂人对象

代码如下：

```
// 创建一个 10000×10000 草坪
const ground=new Ground(scene,10000,10000);
// 创建蜜蜂人
const beeman=new BeeMan(scene);
```

保存代码，在浏览器中预览，可以看到如图 6-60 所示的场景，草坪上多了一个蜜蜂人，显示会比较小，可以滚动鼠标滚轮放大查看。如果无法显示蜜蜂人，请检查你的代码有没有错误,有时拼写错误是非常难以发现的。如果场景不一样,那可能是你复制错了 HTML 文件。

图 6-60 添加蜜蜂到场景中

在网页中可以看到蜜蜂人加载进来了,但是它不会动,这是因为我们没有刷新动画混合器,所以看不到它的动态效果。我们需要调用 mixer.update( ) 方法来刷新。具体操作方法如下。

在 JS 代码中创建一个时钟对象,在 run( ) 方法中获得时间间隔,来刷新动画混合器。

```javascript
// 创建蜜蜂人
const beeman=new BeeMan(scene);
// 创建一个时钟
const clock=new THREE.Clock();
function run(){
    const delta=clock.getDelta();// 时间间隔
    if (beeman.mixer){// 要先判断动画是否加载完成
    beeman.mixer.update(delta);// 刷新
    }
    renderer.render(scene,camera);
    requestAnimationFrame(run);
}
run();
```

保存代码,再次预览,就会看到蜜蜂人扇动翅膀飞起来的效果了。

实例 6-24 本小节完整的 HTML 代码(6.6.1 加载 GLB 动画模型 .html)如下:

```html
<!DOCTYPE html>
<html>
```

```
<head>
    <meta name='viewport' content='width=device-width,
initial-scale=1'>
    <title>Document</title>
    <script src="js/three.js"></script>
    <script src="js/OrbitControls.js"></script>
    <script src="myjs/Basic3D.js"></script>
    <script src="myjs/BasicLight.js"></script>
    <script src="myjs/Controller.js"></script>
    <script src="myjs/Block.js"></script>
    <script src="myjs/BlockGround.js"></script>
    <script src="myjs/Tree.js"></script>
    <script src="myjs/Flower.js"></script>
    <script src="myjs/SkyBox.js"></script>
    <script src="myjs/Ground.js"></script>
    <script src="js/loaders/GLTFLoader.js"></script>
    <script src="myjs/BeeMan.js"></script>
</head>
<body>
    <script>
        // 不需要显示网格线
        const controller=new Controller();
        const scene=controller.scene;// 返回场景对象
        const camera=controller.camera;// 返回相机对象
        const renderer=controller.renderer;// 返回渲染器对象
        // 创建天空盒子
        const sky=new SkyBox(scene);
        // 创建一个10000×10000草坪
        const ground=new Ground(scene,10000,10000);
        // 创建蜜蜂人
        const beeman=new BeeMan(scene);
        // 创建一个时钟
        const clock=new THREE.Clock();
        function run(){
            const delta=clock.getDelta();// 更新时间
            if (beeman.mixer){// 要先判断动画是否加载完成
                beeman.mixer.update(delta);// 刷新
            }
            renderer.render(scene,camera);
```

```
                    requestAnimationFrame(run);
                }
            run();
        </script>
    </body>
</html>
```

动手试一试：

修改 BeeMan 类，在 HTML 页面中以参数的形式传入不同的 GLB 文件，实现不同动画模型的加载，例如修改后可以像下面这样加载一个士兵模型，看看场景中有没有变化？

```
const file="model/glb/Soldier.glb";//GLB 文件路径
const beeman=new BeeMan(scene,file);// 加载士兵模型
```

6.6.2　加载 FBX 动画模型

加载 FBX 动画模型跟加载 GLB 动画模型的方法基本上是一致的，只不过用到的加载器有所不同，FBX 文件需要用 FBXLoader 加载器和辅助文件 "fflate.min.js" 来共同实现动画加载。

打开 "model/fbx" 文件目录，找到 "Swing.fbx" 文件，这是一只会跳舞的小老鼠，如果用 3D 软件打开就可以看到动态效果，如图 6-61 所示。

图 6-61　跳舞的小老鼠

下面我们就来演示如何加载这个模型文件，在 "myjs" 目录下新建 JS 文件 "Fbx

.js"，编写 Fbx 类，核心是使用加载器加载文件，获取模型中的动画，然后进行播放。

实例 6-25　Fbx 类源码（myjs/Fbx.js）。

```
/**
 * 功能说明：
 *     该类用于加载 FBX 格式的动画模型
 *
 * 调用说明：
 * const fbxobj=new Fbx(scene,file,position);
 */
class Fbx{
    mixer;// 动画混合器

    /**
     * @param {THREE.Scene} scene // 场景
     * @param {String} file //FBX 文件路径
     * @param {THREE.Vector3} position // 位置，是一个 Vector3(x,y,z)
     */
    constructor(scene, file, position=null){
        this.position=position;  // 角色的坐标
        this.scene=scene;    // 场景
        this.file=file;
        this.init();// 调用初始化方法
    }

    // 初始化，由构造函数调用
    init(){
        //self 指向当前的 this，解决回调函数不能直接访问 this 的问题
        let self=this;
        const loader = new THREE.FBXLoader();//FBX 文件加载器
        loader.load(this.file, function(object){// 回调函数
            self.scene.add(object);
            // 设置放大或缩小倍数
            object.scale.set(0.1,0.1,0.1);
            // 动画
            const animations = object.animations;
            // 如果有动画则进行播放
            if (animations.length>0){
                self.mixer = new THREE.AnimationMixer(object);
```

```
            // 查看动画数据
            console.log('fbx 动画：',animations[0])
            // 获得剪辑对象 clip
            var AnimationAction=self.mixer.clipAction(animations[0]);
            // AnimationAction.timeScale = 1; //默认 1，可以
                                              // 调节播放速度
            // AnimationAction.loop = THREE.LoopOnce; // 不循环
                                                     // 播放
            // AnimationAction.clampWhenFinished=true;// 暂停在最
                                                     // 后一帧
AnimationAction.play();// 播放动画
        }
    });
}
// 外部调用刷新方法
update(delta){
    if (this.mixer){// 判断模型是否加载完成
        this.mixer.update(delta);
    }
}
}
```

我们写好了 Fbx 类，接下来测试一下是否能看到动画的播放效果。复制"6.5.9 创建一个草坪 .html"，然后粘贴到当前目录，并修改名称为"6.6.2 加载 FBX 动画模型 .html"，然后在 VS Code 编辑器中打开这个文件。

第一步 **引用 JS 文件**

在 <head> 标签中添加代码，引入加载器"FBXLoader.js"、辅助文件"fflate.min.js"和新建的文件"Fbx.js"，代码如下：

```
<script src="js/loaders/FBXLoader.js"></script>
<script src="js/fflate.min.js"></script>
<script src="myjs/Fbx.js"></script>
```

第二步 **加载动画模型**

加载动画模型的代码如下：

```
const file="model/fbx/Swing.fbx";//FBX 文件路径
```

```
const fbxobj=new Fbx(scene,file);// 加载动画
```

第三步 刷新动画混合器

用同样的方法，在 JS 代码中创建一个时钟对象，在 run( ) 方法中获得时间间隔，调用 Fbx 类的 update( ) 方法来刷新动画混合器。

```
const clock=new THREE.Clock();// 创建一个时钟
function run(){
    renderer.render(scene,camera);
    requestAnimationFrame(run);
    // 将刷新混合器的程序放在了 Fbx 类的 update（）方法中
    fbxobj.update(clock.getDelta());
}
run();
```

保存代码，在浏览器中预览，就会看到一只会跳舞的小老鼠了，如图 6-62 所示。

图 6-62　添加跳舞的小老鼠到场景中

实例 6-26　本小节完整的 HTML 代码（6.6.2 加载 FBX 动画模型 .html）如下：

```
<!DOCTYPE html>
<html lang="en">
<head>
    <meta charset="UTF-8">
    <meta http-equiv="X-UA-Compatible" content="IE=edge">
```

```html
        <meta name="viewport" content="width=device-width, initial-
scale=1.0">
        <title>Document</title>
    </head>
    <body>
        <script src="js/three.js"></script>
        <script src="js/OrbitControls.js"></script>
        <script src="myjs/Basic3D.js"></script>
        <script src="myjs/BasicLight.js"></script>
        <script src="myjs/Controller.js"></script>
        <script src="myjs/SkyBox.js"></script>
        <script src="myjs/Ground.js"></script>
        <script src="js/loaders/FBXLoader.js"></script>
        <script src="js/fflate.min.js"></script>
        <script src="myjs/Fbx.js"></script>
        <script>
            // 不需要显示网格线
            const controller=new Controller();
            const scene=controller.scene;// 返回场景对象
            const camera=controller.camera;// 返回相机对象
            const renderer=controller.renderer;// 返回渲染器对象
            // 创建一个天空盒子
            const sky=new SkyBox(scene);
            // 创建一个 1000×1000 的草坪
            const ground=new Ground(scene,1000,1000);
            const file="model/fbx/Swing.fbx";//FBX 文件路径
            const fbxobj=new Fbx(scene,file);// 加载动画
            const clock=new THREE.Clock();// 创建一个时钟
            function run(){
                renderer.render(scene,camera);
                requestAnimationFrame(run);
                // 将刷新混合器的程序放在了 Fbx 类的 update () 方法中
                fbxobj.update(clock.getDelta());
            }
            run();
        </script>
    </body>
</html>
```

6.6.3　加载 Minecraft 游戏玩家

在 6.6.2 节中，我们讲了如何加载 FBX 动画模型文件，但是并不是所有的模型都具有完整的动画，比如我们将要加载的"player.fbx"文件仅包含 3D 造型骨骼模型，而没有皮肤和动画，如图 6-63 所示。

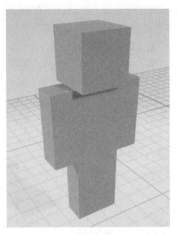

图 6-63　3D 玩家模型

这个玩家模型的皮肤要通过程序另外贴上去，我们先来看看 Minecraft 里的三个人物形象，如图 6-64 所示，steve、alex 和 baby，他们都来自同一个 3D 模型，只不过贴图的皮肤不同而已。

图 6-64　为模型添加不同的皮肤

在"model/fbx/mc/"目录下，可以看到三张图片（alex.png、steve.png 和 baby
.png），如图 6-65 所示，就是对应的贴图纹理。

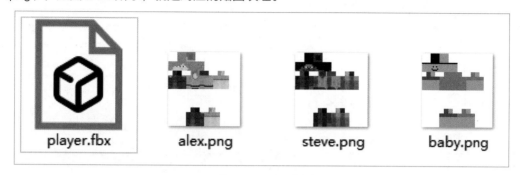

图 6-65　贴图素材

"player.fbx"虽然没有皮肤和动画，但是这个模型是有骨骼的。就如同一个木偶，它
是必须有关节的，这样才可以活动手脚，这是利用它创建人物动画的前提。我们接下来要
通过程序来控制手、脚和头的动作，从而实现动画的效果（这有点像机器人的控制原理）；
并通过加载不同的皮肤文件，来实现生成不同人物的实例。

由于我们这个模型比较特殊，一般情况下是由 3D 美术师创建好骨骼动画模型或者变
形动画模型，我们只需要加载模型播放它的动作即可；不建议通过程序去控制动作来实现
动画，那样实现起来会非常复杂。对于不同的模型，其控制动画的程序也会不同，因此我
们要创建的"Player.js"文件只适用于"player.fbx"这个模型，不具备通用性（不适用其他
模型），程序的实现过程大家可以不必深究，明白原理即可。

在"myjs"目录下新建文件，命名为"Player.js"，创建 Player 类。

实例 6-27　Player 类源码（myjs/ Player.js）。

```
/**
 * 功能说明:
 *     该类用于构建 MCPlayer
 *
 * 调用说明:
 * const player=new Player(scene,null,"steve");
 *
 */
class Player{
    mixer;// 动画混合器
    model;// 加载的模型
    direction=true;// 用来控制方向
```

```
/**
 *
 * @param {THREE.Scene} scene // 场景
 * @param {THREE.Vector3} position // 位置；是一个Vector3(x,y,z)对象
 * @param {String} name // 角色的名字，目前有三个：alex、steve、baby
 */
constructor(scene,position=null,name="alex"){
    this.position=position; // 角色的坐标
    this.scene=scene;    // 场景
    this.name=name; // 角色名字，用于加载皮肤文件
    this.init();// 调用初始化方法
}
// 加载皮肤文件
skin(){
    const skinLoader=new THREE.TextureLoader();// 纹理加载器
    const path="model/fbx/mc/"+this.name+".png";// 皮肤图片路径
    const image=skinLoader.load(path);// 加载皮肤文件
    image.magFilter=THREE.NearestFilter;
    this.model.children[0].material.map=image;// 替换皮肤
}
// 初始化，由构造函数调用
init(){
    //self指向当前的this，解决回调函数不能直接访问this的问题
    let self=this;
    const path="model/fbx/mc/player.fbx";//FBX文件路径

    const loader = new THREE.FBXLoader();//FBX文件加载器
    loader.load(path, function(object){// 回调函数
        self.model=object;// 加载完返回的模型
        // 设置放大或缩小倍数
        object.scale.set(0.1,0.1,0.1);
        self.skin();// 加载皮肤
        self.decompose();// 将模型分解出头、手、脚等

        if (self.position){// 判断是否传入三维坐标
            self.model.position.x=self.position.x;
            self.model.position.y=self.position.y;
            self.model.position.z=self.position.z;
        }
```

```
            self.scene.add(object);
        });

    }
    // 将 FBX 分解出来，包括左手、右手、左脚、右脚、头
    decompose(){
        if (this.model){// 判断模型是否加载完成
            const bone=this.model.children[1];// 整体组合模型，model.
                                               //children[0] 就是皮肤
            this.body=bone.children[0];// 身体
            this.leftLeg=this.body.children[1];// 左脚
            this.rightLeg=this.body.children[0];// 右脚
            // 上半身，除了脚都是上半身
            this.headHalf=this.body.children[2].children[0];
            this.head=this.headHalf.children[0];// 头
            this.rightArm=this.headHalf.children[1]; // 右手
            this.leftArm=this.headHalf.children[2];  // 左手
        }
    }
    // 移动，手脚动起来
    move(){
        const speed=0.1;// 速度
        // 控制判断左脚的角度，前后抬起太高就改变方向
        if (this.leftLeg.rotation.x<-2.5 || this.leftLeg.
rotation.x>-0.4 ){
            this.direction=!this.direction;// 取反，改变方向
        }
        if (this.direction){// 根据方向控制手脚
            this.leftLeg.rotation.x-=speed;// 左脚
            this.rightArm.rotation.x-=speed;// 右手
            // 反方向移动
            this.rightLeg.rotation.x+=speed;// 右脚
            this.leftArm.rotation.x+=speed; // 左手
            this.head.rotation.y+=speed/2;// 头轻微摆动
        }
        else
        {
            this.leftLeg.rotation.x+=speed;// 左脚
            this.rightArm.rotation.x+=speed;// 右手
```

```
                    // 反方向移动
                    this.rightLeg.rotation.x-=speed;// 右脚
                    this.leftArm.rotation.x-=speed;  // 左手
                    this.head.rotation.y-=speed/2;// 头轻微摆动
            }

        }
        // 外部调用刷新方法
        update(){
            if (this.model){// 判断模型是否加载完成
                this.move();
                this.model.position.z+=0.1;// 往前直行

            }
        }
    }
```

写好了 Player 类之后，我们就可以做一个网页来查看动画效果了。复制 "6.5.9 创建一个草坪 .html"，然后粘贴到当前目录，并修改名称为 "6.6.3 加载 MC 玩家 .html"，并在 VS Code 编辑器中打开这个文件。

第一步 引用 JS 文件

在 <head> 标签中添加代码，引入加载器 "FBXLoader.js"、辅助文件 "fflate.min.js" 和新建的文件 "Player.js"，代码如下：

```
<script src="js/loaders/FBXLoader.js"></script>
<script src="js/fflate.min.js"></script>
<script src="myjs/Player.js"></script>
```

第二步 创建 Minecraft 中的三个人物

将三个人物放在不同的地方，使用 THREE.Vector3(x,y,z) 创建一个三维坐标作为参数传入，用来设置人物在场景中的位置。Vector3 是 ThreeJS 的三维向量对象，可以通过 Vector3 对象表示一个三维的（x,y,z）坐标。

```
const v1=new THREE.Vector3(-50,0,0);// 创建一个三维坐标
const steve=new Player(scene,v1,"steve");// 玩家 1
const v2=new THREE.Vector3(0,0,0);// 创建一个三维坐标
const alex=new Player(scene,v2,"alex");// 玩家 2
```

```
const v3=new THREE.Vector3(50,0,0);// 创建一个三维坐标
const baby=new Player(scene,v3,"baby");// 玩家 3
```

保存代码，使用"Open with Live Server"在浏览器中预览效果。此时，如果能看到三个人物形象就算成功了，现在他们的手和脚不能动起来，我们需要继续添加代码。

第三步 让人物动起来

在 run() 函数中增加刷新代码，分别调用三个人物的 update() 方法，这样人物就会动起来。

```
function run(){
    renderer.render(scene,camera);
    requestAnimationFrame(run);
    alex.update();
    steve.update();
    baby.update();
}
```

保存程序，在浏览器中查看效果，如图 6-66 所示，是不是可以看到有三个人物在地上走起来了？

图 6-66　添加人物到场景中

实例 6-28　本节完整的 HTML 代码（6.6.3 加载 MC 玩家 .html）如下：

267

```html
<!DOCTYPE html>
<html>
    <head>
        <meta name='viewport' content='width=device-width,
initial-scale=1'>
        <title>Document</title>
        <script src="js/three.js"></script>
        <script src="js/OrbitControls.js"></script>
        <script src="myjs/Basic3D.js"></script>
        <script src="myjs/BasicLight.js"></script>
        <script src="myjs/Controller.js"></script>
        <script src="myjs/Block.js"></script>
        <script src="myjs/BlockGround.js"></script>
        <script src="myjs/Tree.js"></script>
        <script src="myjs/Flower.js"></script>
        <script src="myjs/SkyBox.js"></script>
        <script src="myjs/Ground.js"></script>
        <script src="js/loaders/FBXLoader.js"></script>
        <script src="js/fflate.min.js"></script>
        <script src="myjs/Player.js"></script>
    </head>
    <body>
        <script>
            // 不需要显示网格线
            const controller=new Controller();
            const scene=controller.scene;// 返回场景对象
            const camera=controller.camera;// 返回相机对象
            const renderer=controller.renderer;// 返回渲染器对象
            // 创建天空盒子
            const sky=new SkyBox(scene);
            // 创建一个 10000×10000 草坪
            const ground=new Ground(scene,10000,10000);
            const v1=new THREE.Vector3(-50,0,0);// 创建一个三维坐标
            const steve=new Player(scene,v1,"steve");// 玩家 1
            const v2=new THREE.Vector3(0,0,0);// 创建一个三维坐标
            const alex=new Player(scene,v2,"alex");// 玩家 2
            const v3=new THREE.Vector3(50,0,0);// 创建一个三维坐标
            const baby=new Player(scene,v3,"baby");// 玩家 3
            function run(){
```

```
                renderer.render(scene,camera);
                requestAnimationFrame(run);
                alex.update();
                steve.update();
                baby.update();
            }
            run();
        </script>
    </body>
</html>
```

6.7 模拟 Minecraft 游戏场景

通过前面的学习，我们掌握了两种动画文件 GLB 和 FBX 的加载方法，之前也写好了草地、花、树等类，现在可以创建一个比较完整生动的 Minecraft 游戏场景了。

为了让场景更加丰富些，我们需要加载更多的动物进来，也就是需要准备好 3D 模型文件，这些文件都放在 "model/glb/mc" 目录下面。先来看看都有哪些可爱的动物吧，有些动物有动画（比如走路或摇头），有的只有静态的模型，是无法活动的，具体说明见表 6-3。

表 6-3　3D 模型文件素材说明

文件	名称	是否有动画	预览图
bee.glb	蜜蜂	有动画	
cow.glb	奶牛	无动画	

文件	名称	是否有动画	预览图
dinosaur.glb	恐龙	有动画	
fox.glb	狐狸	有动画	
pig.glb	猪	有动画	
sheep.glb	羊	无动画	

这些动物模型都是 GLB 格式的，不同的动物其实只是文件名不同，如果你已经熟练掌握了面向对象的编程方法，一定会想到创建一个类，通过传入不同的动物名称来加载不同的模型，将这个动物加载到我们的场景中去。

在"myjs"目录下新建文件，命名为"Animal.js"，创建 Animal 类，为了让这个类更具备通用性，需要考虑到不同的模型本身的大小不同，能够设置模型的缩放倍数，还要能够控制角度和坐标位置等。

实例 6-29 Animal 类源码（myjs/ Animal.js）。

```
/**
* 功能说明：
*     该类用于加载 model/glb/mc 目录下的 GLB 三维模型
* 调用说明：
*     const v6=new THREE.Vector3(30,0,30);
*     const sheep=new Animal(scene,'sheep',v6,10,true);
*/
class Animal{
    mixer;// 动画混合器
    model;// 三维场景中的模型
    /**
     * @param {THREE.Scene} scene // 场景
     * @param {String} filename // 文件名
     * @param {THREE.Vector3} position // 位置
     * @param {Number} scale // 缩放倍数
     * @param {Boolean} isTurnBack // 是否 180° 掉头
     */
    constructor(scene,filename,position=null,
        scale=1,isTurnBack=false){
        this.position=position;// 角色的坐标
        this.scene=scene;
        this.actions=[];// 可以播放的动画，是一个列表
        this.load(filename);// 加载动画文件
        this.clock=new THREE.Clock();// 创建一个时钟对象
        this.scale=scale;// 放大或缩小倍数
        this.isTurnBack=isTurnBack;// 是否 180° 掉头
    }
    load(filename){// 传入文件名，比如 pig、cow
        const loader = new THREE.GLTFLoader();
        // 将 this 通过 self 传递给回调函数，这一句非常重要
        let self=this;
        const root="model/glb/mc/";// 存放目录
        const path=root+filename+".glb";// 动画路径
        loader.load(path,
            function ( object ) {// 回调函数
                // 根据参数 object 取出 3D 模型
                self.model = object.scene;
```

```
                    // 设置放大倍数，根据动画模型的大小可以改变
                    self.model.scale.set(self.scale,self.scale,self.scale);
                    self.scene.add( self.model );
                    if (self.isTurnBack){// 有些角色需要将它调头
                        self.turnBack();
                    }
                    // 设置坐标
                    if (self.position!=null){
                        self.model.position.set(self.position.x,
                            self.position.y,self.position.z);
                    }
                    // 读取 GLB 文件中的动画，是一个数组，animations[0]
                    // 表示第 1 个动画
                    const animations = object.animations;
                    console.log(animations);
                    if (animations.length>0){
                        self.mixer = new THREE.AnimationMixer(self.
model);

                        for (let i=0;i<animations.length;i++){
                            const action = self.mixer.clipAction(
                                        animations[i] );
                            self.actions.push(action);// 将动画的动作
                                                      // 放到一个列表中
                        }
                        // 如果有动画，默认播放第 1 个动画，没有就不播放
                        if (self.actions.length>0){
                            self.actions[0].play();// 播放第 1 个动画
                        }
                    }
                }
            );
    }
    // 刷新动画
    update(walk=0){
        if (this.mixer){
            if (walk==1) // 如果 walk==1 表示走路
                this.model.position.z+=0.1;
            const delta=this.clock.getDelta();
            this.mixer.update(delta);
```

```
        }
    }
    // 沿 y 轴旋转 180°, 掉头
    turnBack(){
        if (this.model){
            this.model.rotation.y=-1*Math.PI;
        }
    }
}
```

有了这个 Animal, 我们再创建这些动物就很简单了。代码分别如下:

创建蜜蜂对象:

```
const v2=new THREE.Vector3(0,40,0);
const bee=new Animal(scene,'bee',v2,1,true);
```

创建奶牛对象:

```
const v3=new THREE.Vector3(-40,0,20);
const cow=new Animal(scene,'cow',v3,10);
```

创建狐狸对象:

```
const v4=new THREE.Vector3(10,0,10);
const fox=new Animal(scene,'fox',v4,10,true);
```

创建恐龙对象:

```
const v5=new THREE.Vector3(70,0,-30);
const dinosaur=new Animal(scene,'dinosaur',v5,10);
```

创建羊对象:

```
const v6=new THREE.Vector3(30,0,30);
const sheep=new Animal(scene,'sheep',v6,10,true);
```

创建猪对象:

```
const v7=new THREE.Vector3(40,0,-30);
const pig=new Animal(scene,'pig',v7,10,true);
```

创建这么多对象后, 我们现在统统将它们加进场景中去。之前我们已经创建了森林和花的场景, 为了提升效率, 直接复制 "6.5.10 创建 Minecraft 草原 .html", 然后粘贴到当前目录, 并修改名称为 "6.7 模拟 Minecraft 游戏场景 .html", 并在 VS Code 编辑器中打开这个文件。

第一步 添加要引用的 JS 文件

在 <head> 标签中添加代码，引入需要添加的 JS 文件，代码如下：

```
<script src="js/loaders/GLTFLoader.js"></script>
<script src="myjs/BeeMan.js"></script>
<script src="js/loaders/FBXLoader.js"></script>
<script src="js/fflate.min.js"></script>
<script src="myjs/Player.js"></script>
<script src="myjs/Animal.js"></script>
```

第二步 添加各种角色

添加两个玩家角色和六种动物，代码如下：

```
// 添加玩家角色
const v0=new THREE.Vector3(0,0,0);
const alex=new Player(scene,v0,"alex");
const v1=new THREE.Vector3(-20,0,-50);
const steve=new Player(scene,v1,"steve");
// 添加动物
const v2=new THREE.Vector3(0,40,0);
const bee=new Animal(scene,'bee',v2,1,true);
const v3=new THREE.Vector3(-40,0,20);
const cow=new Animal(scene,'cow',v3,10);
const v4=new THREE.Vector3(10,0,10);
const fox=new Animal(scene,'fox',v4,10,true);
const v5=new THREE.Vector3(70,0,-30);
const dinosaur=new Animal(scene,'dinosaur',v5,10);
const v6=new THREE.Vector3(30,0,30);
const sheep=new Animal(scene,'sheep',v6,10,true);
const v7=new THREE.Vector3(40,0,-30);
const pig=new Animal(scene,'pig',v7,10,true);
```

这一步添加完成之后，保存代码，使用"Open with Live Server"在浏览器中预览，可以看到添加进来的这些角色，如图 6-67 所示，不过它们还不会动。

图 6-67 将模型添加到场景中

第三步 调整相机位置

修改透视相机的位置，找个更好的角度观察添加进来的角色。

```
// 调整透视相机位置
camera.position.set(0,30,100);
camera.lookAt(0,0,0);// 看中心点
```

第四步 让角色动起来

这些角色中，羊和牛是没有动画的，其他的动物会有动画，恐龙和猪只是会动但不能走，Steve、Alex 和狐狸等是可以走的，我们在 run( ) 函数中加入以下代码，对动画进行刷新。

```
function run(){
    renderer.render(scene,camera);
    requestAnimationFrame(run);
    alex.update();
    steve.update();
    bee.update(1); //1 表示要移动，往前飞行
    fox.update(1);//1 表示要移动，往前走
    pig.update(0);//0 表示位置不动
    dinosaur.update(0);//0 表示位置不动
}
```

好了，再预览一下，是不是可以看到 steve、alex、蜜蜂和狐狸在往前移动呢？

完整的 HTML 代码如下：

```html
<!DOCTYPE html>
<html>
    <head>
        <meta name='viewport' content='width=device-width,
initial-scale=1'>
        <title>Document</title>
        <script src="js/three.js"></script>
        <script src="js/OrbitControls.js"></script>
        <script src="myjs/Basic3D.js"></script>
        <script src="myjs/BasicLight.js"></script>
        <script src="myjs/Controller.js"></script>
        <script src="myjs/Block.js"></script>
        <script src="myjs/BlockGround.js"></script>
        <script src="myjs/Tree.js"></script>
        <script src="myjs/Flower.js"></script>
        <script src="myjs/SkyBox.js"></script>
        <script src="myjs/Ground.js"></script>
        <script src="js/loaders/GLTFLoader.js"></script>
        <script src="myjs/BeeMan.js"></script>
        <script src="js/loaders/FBXLoader.js"></script>
        <script src="js/fflate.min.js"></script>
        <script src="myjs/Player.js"></script>
        <script src="myjs/Animal.js"></script>
    </head>
    <body>
        <script>
            // 不需要显示网格线
            const controller=new Controller();
            const scene=controller.scene;// 返回场景对象
            const camera=controller.camera;// 返回相机对象
            const renderer=controller.renderer;// 返回渲染器对象
            // 创建天空盒子
            const sky=new SkyBox(scene);
            // 指定纹理图片
            const file="img/block/grass_top.png";
            // 创建 Minecraft 样式的草地
```

```javascript
const ground=new Ground(scene,1000,1000,0,file);
//maxSize 正负方向最大值，所以总宽度是 1000
const maxSize=500;// 随机分布在正负方向
// 生成一些花
for(let i=1;i<=50;i++){
    // 随机生成 x 和 z 的坐标
    let x=Math.floor(Math.random()*maxSize);
    let z=Math.floor(Math.random()*maxSize);
    // 随机改变 z 坐标正负，分布在 z 正负轴上
    if (Math.random()<0.5){
        z=z*(-1);
    }
    // 随机改变 x 坐标正负，分布在 x 正负轴上
    if (Math.random()<0.5){
        x=x*(-1);
    }
    //1 ～ 10 种花随机生成
    let id=Math.floor(Math.random()*11);
    if (id==0){// 如果随机数是 0，就换为第 1 种花
        id=1;
    }
    const y=10;// 比地面高出 10，不然就被埋地下
    const flower=new Flower(scene,id);
    flower.position.set(x,y,z);
}
// 随机生成一些大树
for(let i=1;i<=50;i++){
    let x=Math.floor(Math.random()*maxSize);
    let z=Math.floor(Math.random()*maxSize);
    // 随机改变 z 坐标正负，分布在 z 正负轴上
    if (Math.random()<0.5){
        z=z*(-1);
    }
    // 随机改变 x 坐标正负，分布在 x 正负轴上
    if (Math.random()<0.5){
        x=x*(-1);
    }
    const y=0;// 跟地面一致
    // 树的高度，小于 15
```

```javascript
        const h=Math.floor(Math.random()*15);
        if (h<3){
            continue;// 如果生成的树太矮就不要
        }
        // 树的大小
        const a=4;
        const tree=new Tree(scene,h,a);
        tree.position.set(x,y,z);
    }
    // 添加玩家角色
    const v0=new THREE.Vector3(0,0,0);
    const alex=new Player(scene,v0,"alex");
    const v1=new THREE.Vector3(-20,0,-50);
    const steve=new Player(scene,v1,"steve");
    // 添加动物
    const v2=new THREE.Vector3(0,40,0);
    const bee=new Animal(scene,'bee',v2,1,true);
    const v3=new THREE.Vector3(-40,0,20);
    const cow=new Animal(scene,'cow',v3,10);
    const v4=new THREE.Vector3(10,0,10);
    const fox=new Animal(scene,'fox',v4,10,true);
    const v5=new THREE.Vector3(70,0,-30);
    const dinosaur=new Animal(scene,'dinosaur',v5,10);
    const v6=new THREE.Vector3(30,0,30);
    const sheep=new Animal(scene,'sheep',v6,10,true);
    const v7=new THREE.Vector3(40,0,-30);
    const pig=new Animal(scene,'pig',v7,10,true);
    // 调整透视投影相机位置
    camera.position.set(0,30,100);
    camera.lookAt(0,0,0);// 看中心点
    function run(){
        renderer.render(scene,camera);
        requestAnimationFrame(run);
        alex.update();
        steve.update();
        bee.update(1); //1 表示要移动，往前飞行
        fox.update(1);//1 表示要移动，往前走
        pig.update(0);//0 表示位置不动
        dinosaur.update(0);//0 表示位置不动
```

```
            }
            run();
        </script>
    </body>
</html>
```

前面的所有场景我们都是以第三人称的视角来观察的，只能通过鼠标对它们旋转角度和缩放，无法在场景中进行移动，下面我们来改变控制器，将第三人称控制改为第一人称控制，这样就如同身临其境一般。

加入引用的第一人称控制器文件。注意：添加在引入的"OrbitControls.js"下方。

```
<script src="js/FirstPersonControls.js"></script>
```

找到下面这行代码：

```
const controller=new Controller();
```

修改代码为：

```
const controller=new Controller(null,false,true);
```

添加代码，设置控制器的参数：

```
const controls=controller.controls;// 返回控制器
controls.lookSpeed=0.05;// 控制器的速度
controls.movementSpeed=10;// 按键移动的速度
```

添加代码，生成一个时钟：

```
const clock=new THREE.Clock();
```

在 run( ) 方法中加入以下代码用于刷新：

```
controls.update(clock.getDelta());
```

这样，控制器就由第三人称换为第一人称，保存代码，在浏览器中预览，可以通过鼠标控制方向，使用键盘上的方向键或 AWSD 键控制移动。

实例 6-30 模拟 Minecraft 游戏场景。修改后完整的 HTML 代码（6.7 模拟 Minecraft游戏场景 .html）如下：

```
<!DOCTYPE html>
<html>
    <head>
        <meta name='viewport' content='width=device-width, initial-
scale=1'>
        <title>Document</title>
```

```html
        <script src="js/three.js"></script>
        <script src="js/OrbitControls.js"></script>
        <script src="js/FirstPersonControls.js"></script>
        <script src="myjs/Basic3D.js"></script>
        <script src="myjs/BasicLight.js"></script>
        <script src="myjs/Controller.js"></script>
        <script src="myjs/Block.js"></script>
        <script src="myjs/BlockGround.js"></script>
        <script src="myjs/Tree.js"></script>
        <script src="myjs/Flower.js"></script>
        <script src="myjs/SkyBox.js"></script>
        <script src="myjs/Ground.js"></script>
        <script src="js/loaders/GLTFLoader.js"></script>
        <script src="myjs/BeeMan.js"></script>
        <script src="js/loaders/FBXLoader.js"></script>
        <script src="js/fflate.min.js"></script>
        <script src="myjs/Player.js"></script>
        <script src="myjs/Animal.js"></script>
    </head>
    <body>
        <script>
            // 不需要显示网格线
            //const controller=new Controller();
            const controller=new Controller(null,false,true);
            const controls=controller.controls;// 返回控制器
            controls.lookSpeed=0.05;// 控制器的速度
            controls.movementSpeed=10;// 按键移动的速度
            const scene=controller.scene;// 返回场景对象
            const camera=controller.camera;// 返回相机对象
            const renderer=controller.renderer;// 返回渲染器对象
            // 创建天空盒子
            const sky=new SkyBox(scene);
            // 指定纹理图片
            const file="img/block/grass_top.png";
            // 创建 Minecraft 样式的草地
            const ground=new Ground(scene,1000,1000,0,file);
            //maxSize 正负方向最大值，所以总宽度是 1000
            const maxSize=500;// 随机分布在正负方向
            // 生成一些花
```

```javascript
for(let i=1;i<=50;i++){
    // 随机生成 x 和 z 的坐标
    let x=Math.floor(Math.random()*maxSize);
    let z=Math.floor(Math.random()*maxSize);
    // 随机改变 z 坐标正负，分布在 z 正负轴上
    if (Math.random()<0.5){
        z=z*(-1);
    }
    // 随机改变 x 坐标正负，分布在 x 正负轴上
    if (Math.random()<0.5){
        x=x*(-1);
    }
    //1 ～ 10 种花里随机生成
    let id=Math.floor(Math.random()*11);
    if (id==0){// 如果随机数是 0，就换为第 1 种花
        id=1;
    }
    const y=10;// 比地面高出 10，不然就被埋地下
    const flower=new Flower(scene,id);
    flower.position.set(x,y,z);
}
// 随机生成一些大树
for(let i=1;i<=50;i++){
    let x=Math.floor(Math.random()*maxSize);
    let z=Math.floor(Math.random()*maxSize);
    // 随机改变 z 坐标正负，分布在 z 正负轴上
    if (Math.random()<0.5){
        z=z*(-1);
    }
    // 随机改变 x 坐标正负，分布在 x 正负轴上
    if (Math.random()<0.5){
        x=x*(-1);
    }
    const y=0;// 跟地面一致
    // 树的高度，小于 15
    const h=Math.floor(Math.random()*15);
    if (h<3){
        continue;// 如果生成的树太矮就不要
    }
```

```
        // 树的大小
        const a=4;
        const tree=new Tree(scene,h,a);
        tree.position.set(x,y,z);
}
// 添加玩家角色
const v0=new THREE.Vector3(0,0,0);
const alex=new Player(scene,v0,"alex");
const v1=new THREE.Vector3(-20,0,-50);
const steve=new Player(scene,v1,"steve");
// 添加动物
const v2=new THREE.Vector3(0,40,0);
const bee=new Animal(scene,'bee',v2,1,true);
const v3=new THREE.Vector3(-40,0,20);
const cow=new Animal(scene,'cow',v3,10);
const v4=new THREE.Vector3(10,0,10);
const fox=new Animal(scene,'fox',v4,10,true);
const v5=new THREE.Vector3(70,0,-30);
const dinosaur=new Animal(scene,'dinosaur',v5,10);
const v6=new THREE.Vector3(30,0,30);
const sheep=new Animal(scene,'sheep',v6,10,true);
const v7=new THREE.Vector3(40,0,-30);
const pig=new Animal(scene,'pig',v7,10,true);
// 调整透视投影相机位置
camera.position.set(0,30,100);
camera.lookAt(0,0,0);// 看中心点
const clock=new THREE.Clock();
function run(){
        renderer.render(scene,camera);
        requestAnimationFrame(run);
        alex.update();
        steve.update();
        bee.update(1); //1表示要移动，往前飞行
        fox.update(1); //1表示要移动，往前走
        pig.update(0); //0表示位置不动
        dinosaur.update(0);//0表示位置不动
        controls.update(clock.getDelta());
}
run();
```

```
        </script>
    </body>
</html>
```

通过本章的学习，我们已经完成 Minecraft 模拟场景的搭建，当然真正的 Minecraft 的场景是非常复杂的，而且现在规模较大的软件项目也不是一个人能完成的。本章我们只是通过模拟 Minecraft 这样一个简单的场景来了解 3D 世界的构成原理，让我们对 3D 世界有一个初步的了解。

本章知识为我们打开了 3D 世界的大门，但关于 ThreeJS 的应用还有非常多的场景，本书无法一一讲解，最好的学习方法之一就是结合案例源码，去分析，去动手实践，将第 5 章的 JS 基础与本章学习相结合，熟练掌握面向对象的编程思维，这对于你学习其他面向对象的编程语言也有帮助。本书代码较多，学习过程中遇到问题，可以参考本书附带的源码，也可以到"少儿编程学习网"（http://kidscode.cn/）与我们取得联系，获得帮助。